Adobe
Photoshop
快速入门

[美]奈杰尔·弗伦奇（Nigel French） 迈克·兰金（Mike Rankin）/著 陈志民 /译

清华大学出版社
北 京

北京市版权局著作权合同登记号 图字：01-2023-1741

图书在版编目（CIP）数据

Adobe Photoshop 快速入门 / (美) 奈杰尔·弗伦奇
(Nigel French), (美) 迈克·兰金 (Mike Rankin) 著 ;
陈志民译 . -- 北京 : 清华大学出版社，2024. 7.
ISBN 978-7-302-66850-3

Ⅰ . TP391.413
中国国家版本馆 CIP 数据核字第 2024TC7638 号

责任编辑：陈绿春
封面设计：潘国文
责任校对：胡伟民
责任印制：沈 露

出版发行：清华大学出版社
   网 址 :https://www.tup.com.cn，https://www.wqxuetang.com
   地 址 :北京清华大学学研大厦 A 座   邮 编 :100084
   社 总 机 :010-83470000   邮 购 :010-62786544
   投稿与读者服务 :010-62776969，c-service@tup.tsinghua.edu.cn
   质 量 反 馈 :010-62772015，zhiliang@tup.tsinghua.edu.cn
印 装 者 :小森印刷（北京）有限公司
经 销 :全国新华书店
开 本 :180mm×210mm   印 张 : 14   字 数 :680 千字
版 次 :2024 年 9 月第 1 版   印 次 :2024 年 9 月第 1 次印刷
定 价 :99.90 元

产品编号 :099309-01

致敬：

奈杰尔：致梅兰妮

迈克：致雪莉·兰金

前 言

欢迎使用Adobe Photoshop，这是一款业界使用的标准图像编辑软件，供艺术家、平面设计师、摄影师以及所有想让自己的图像成为最佳图像的人使用。

如今，Photoshop已经成为我们文化的一部分，以至于它经常被用作动词。然而，Photoshop功能的丰富性和广度不仅对新用户来说很难，对经验丰富的老手来说也很难，因为他们可能没有跟上软件的持续发展。我们希望您能找到一家值得信赖的公司，指导您完成使用Photoshop所需的基本任务。

如何使用本书

本书是基于任务的参考书。每一章都侧重于应用程序的特定领域，并以一系列简捷、图解的步骤进行介绍。我们鼓励您使用自己的图像进行跟踪。

我们从打开和保存文档、文档和导航开始，学习图像编辑的一些基本原理和惯例，然后深入研究常见任务，例如，裁剪、选择以及使用图层、图层蒙版、调整图层、混合模式、颜色、修补图像、智能对象、基本转换、滤镜等。

这本书适合Photoshop的初学者和中级用户。

与Windows和macOS共享空间

Photoshop在Windows系统下和在macOS系统下几乎完全一样，这就是为什么这本书涵盖了这两个平台。最大的可见差异是"首选项"菜单的不同位置：在Windows系统下，"首选项"菜单在Photoshop的"编辑"菜单底部，而在macOS系统下，"首选项"菜单在Photoshop的"应用程序"菜单下。

书中的屏幕截图是用浅色界面捕获的，只是因为它在印刷品中更容易再现。

我们经常提到键盘快捷键，这是非常节省时间的，这些快捷键首先显示Windows版本，接着是斜杠，然后是macOS版本。

例如，一个简单的键盘快捷键显示为Ctrl/Command+C，而一个复杂的快捷键则显示为Ctrl+Alt+Z/Command+Option+Z。

配套资源

本书的配套资源请扫描右侧的二维码进行下载，如果在配套资源下载过程中碰到问题，请联系陈老师，联系邮箱：chenlch@tup.tsinghua.edu.cn。

配套资源

目录

1   Photoshop入门 · 1
       打开文件· ·2
       创建新的空白文档 · · · · · · · · · · · · · · · · · ·3
       文档预设 ·4
       从相机下载图像 · · · · · · · · · · · · · · · · · · ·6
       保存文档 ·7
       关闭文档并退出Photoshop · · · · · · · · · · · ·10

2   文档和导航 · 11
       Photoshop界面 ·12
       查看图像 · 14
       工具 · 18
       应用程序框架· 22
       精确定位 · 26
       工作区 · 32

3   数字图像要点 · · · · · · · · · · · · · · · · · · · 33
       调整分辨率和图像大小 · · · · · · · · · · · · · ·34
       通道 · 37
       颜色模式 · 38
       信息面板· 42
       历史记录面板 · 43

4   裁剪和拉直图像 · · · · · · · · · · · · · · · · · 45
       裁剪照片 · 46
       使用"内容识别填充"进行裁剪 · · · · · · · · · 48
       拉直图像 · 50
       透视裁剪 · 52
       旋转或翻转整个图像 · · · · · · · · · · · · · · · 53
       更改画布大小 · 54
       擦除图像的部分区域 · · · · · · · · · · · · · · · 55

5   选择 · 57
       选框工具 · 58

　套索工具 · 60
　自动选择工具 · 61
　取消选择和重新选择 · · · · · · · · · · · · · · · · · 65
　使用选定内容 · 66
　修改所选内容 · 70
　增加选择内容 · 72

6 图层 · **73**
　关于图层 · 74
　"背景"图层与常规图层 · · · · · · · · · · · · · · · 76
　创建图层 · 76
　复制和粘贴图层 · 78
　选择图层 · 81
　移动、对齐和变换图层 · · · · · · · · · · · · · · · · 82
　合并图层和拼合图像 · · · · · · · · · · · · · · · · · 85
　图层管理 · 88
　图层复合 · 94

7 图层蒙版和矢量蒙版 · · · · · · · · · · · · · · · **97**
　关于蒙版 · 98
　添加图层蒙版 · 99
　编辑图层蒙版 · 100
　绘制图层蒙版 · 101
　矢量蒙版 · 102
　使用蒙版创建简单构图 · · · · · · · · · · · · · · 106
　图层蒙版和调整图层 · · · · · · · · · · · · · · · · 108
　渐变图层蒙版 · 109
　管理图层蒙版 · 111
　智能对象上的蒙版 · · · · · · · · · · · · · · · · · · 116
　亮度蒙版 · 117
　组合图层蒙版和矢量蒙版 · · · · · · · · · · · · 119

8 高级选择工具 · **121**
　选择色彩范围 · 122
　使用选择主体 · 124
　使用对象选择工具 · · · · · · · · · · · · · · · · · · 124
　使用选择并遮住 · · · · · · · · · · · · · · · · · · · 126
　替换天空 · 129
　使用选择焦点区域 · · · · · · · · · · · · · · · · · · 131
　使用快速蒙版 · 132

保存选择（Alpha通道）· · · · · · · · · · · · · · · · 134

9　　调整图层和图像调整· · · · · · · · · · · **137**

调整和填充图层 · · · · · · · · · · · · · · · · · · 138
进行亮度/对比度调整· · · · · · · · · · · · · · · · 140
进行色阶调整· 140
进行曲线调整· 145
使用通道混合器 · · · · · · · · · · · · · · · · · · 149
导出颜色查找表 · · · · · · · · · · · · · · · · · · 150
使用剪贴蒙版限制调整 · · · · · · · · · · · · · · 152
使用色相/饱和度调整图层 · · · · · · · · · · · · 153
调整色彩平衡 · · · · · · · · · · · · · · · · · · · 156
进行自然饱和度调整· · · · · · · · · · · · · · · · 157
使用照片滤镜 · · · · · · · · · · · · · · · · · · · 157
应用黑白调整图层 · · · · · · · · · · · · · · · · 159
使用渐变映射调整图层进行着色 · · · · · · · · · 160
使用可选颜色调整图层更改颜色· · · · · · · · · 161
使用填充图层 · · · · · · · · · · · · · · · · · · · 163
评估图像 · 164
使用阴影/高光· · · · · · · · · · · · · · · · · · · 166

10　　混合模式 · · · · · · · · · · · · · · · · **167**

混合模式、不透明度和填充· · · · · · · · · · · · 168
使用混合模式· 169
默认模式 · 171
变暗混合模式· 172
浅色混合模式· 174
对比度混合模式 · · · · · · · · · · · · · · · · · · 176
比较混合模式· 178
颜色混合模式· 181
混合选项 · 184

11　　颜色 · · · · · · · · · · · · · · · · · · **185**

选择颜色 · 186
使用色板 · 188
采样和查看颜色值 · · · · · · · · · · · · · · · · 190
使用双色调 · 192
使用专色和专色通道 · · · · · · · · · · · · · · · 193
保持颜色外观一致 · · · · · · · · · · · · · · · · 195

12   **绘画** · **199**

使用画笔 · 200

使用历史记录画笔工具 · · · · · · · · · · · · · 206

使用历史记录艺术画笔工具 · · · · · · · · · · 207

使用图案图章工具 · · · · · · · · · · · · · · · · 208

使用渐变工具 · · · · · · · · · · · · · · · · · · · 209

13   **修补图像** · · · · · · · · · · · · · · · · · · · **211**

使用污点修复画笔工具 · · · · · · · · · · · · · 212

使用修复画笔工具 · · · · · · · · · · · · · · · · 213

使用修补工具 · · · · · · · · · · · · · · · · · · · 214

使用红眼工具 · · · · · · · · · · · · · · · · · · · 216

使用仿制图章工具 · · · · · · · · · · · · · · · · 217

使用内容识别填充 · · · · · · · · · · · · · · · · 219

使用内容感知移动工具 · · · · · · · · · · · · · 220

使用替换颜色 · · · · · · · · · · · · · · · · · · · 222

14   **智能对象** · · · · · · · · · · · · · · · · · · · **223**

创建嵌入式智能对象 · · · · · · · · · · · · · · · 224

创建链接的智能对象 · · · · · · · · · · · · · · · 225

管理链接的智能对象 · · · · · · · · · · · · · · · 227

编辑智能对象 · · · · · · · · · · · · · · · · · · · 229

复制智能对象 · · · · · · · · · · · · · · · · · · · 231

导出智能对象 · · · · · · · · · · · · · · · · · · · 232

转换智能对象 · · · · · · · · · · · · · · · · · · · 234

重置智能对象转换 · · · · · · · · · · · · · · · · 236

在图层面板中过滤智能对象 · · · · · · · · · · 237

15   **基本转换** · · · · · · · · · · · · · · · · · · · **239**

使用自由变换 · · · · · · · · · · · · · · · · · · · 240

使用透视扭曲 · · · · · · · · · · · · · · · · · · · 244

使用操控变形 · · · · · · · · · · · · · · · · · · · 247

使用内容识别缩放 · · · · · · · · · · · · · · · · 250

对齐和混合图层 · · · · · · · · · · · · · · · · · · 252

16   **滤镜** · **255**

应用滤镜 · 256

更改智能滤镜 · · · · · · · · · · · · · · · · · · · 257

使用滤镜库 · 260

锐化图像 · 261
模糊图像 · 264
使用Camera Raw滤镜 · · · · · · · · · · · · · · · · 266
使用 Neural Filters · · · · · · · · · · · · · · · · · · 268

17   形状图层和路径 · · · · · · · · · · · · · · · · **271**
使用形状工具 · 272
设置形状格式 · 274
修改形状和路径 · · · · · · · · · · · · · · · · · · · 276
组合形状和路径 · · · · · · · · · · · · · · · · · · · 277
使用自定义形状 · · · · · · · · · · · · · · · · · · · 280
使用钢笔工具 · 281
将路径转换为选区和蒙版 · · · · · · · · · · · · · · 284

18   使用文本 · · · · · · · · · · · · · · · · · · · **285**
添加点和段落文本 · · · · · · · · · · · · · · · · · · 286
选择字体样式 · 288
字距微调和跟踪 · · · · · · · · · · · · · · · · · · · 290
调整行距、垂直间距和基线偏移 · · · · · · · · · · 291
插入特殊字符 · 293
设置段落格式 · 295
在路径上使用文字 · · · · · · · · · · · · · · · · · · 299
变形文字 · 302
在文字图层上绘制 · · · · · · · · · · · · · · · · · · 303
替换丢失的字体 · · · · · · · · · · · · · · · · · · · 304
匹配字体 · 305
创建文本三明治 · · · · · · · · · · · · · · · · · · · 305
使用图像填充文字 · · · · · · · · · · · · · · · · · · 306

19   打印和导出 · · · · · · · · · · · · · · · · · · **307**
使用画板进行设计 · · · · · · · · · · · · · · · · · · 308
屏幕上的校对颜色 · · · · · · · · · · · · · · · · · · 313
准备用于商业打印的文件 · · · · · · · · · · · · · · 314
打印到桌面打印机 · · · · · · · · · · · · · · · · · · 315
导出为不同尺寸和格式 · · · · · · · · · · · · · · · 316
使用快速导出 · 318
将图层导出为文件 · · · · · · · · · · · · · · · · · · 319
创建动画GIF · 320
使用打包命令 · 322

视频列表

视频 1.1
打开和保存文档

开始学习您的第一个Photoshop文档以及打开和保存文件的基本原理。 pg. 4

视频 2.1
使用面板和自定义工作空间

熟悉使用面板和自定义工作空间的方法以适应您的工作方式。 pg. 15

视频 2.2
查看图像

要想对Photoshop充满信心,需要能够放大和缩小文档,并能够流畅地移动。此视频将向您展示如何操作。 pg. 17

视频 3.1
理解文档大小与图像分辨率之间的关系

因为Photoshop主要是关于像素的,所以您需要很好地掌握文档大小和分辨率之间的关系。本视频介绍它们是如何连接的。pg. 37

视频 4.1
裁剪和拉直图像

经过仔细考虑的裁剪可以变换图像。在本视频中,您将学习如何使用裁剪来改善图像。 pg. 48

视频 5.1
使用选框

使用Photoshop的选框工具进行简单的选择,无论是作为最终目标还是作为更复杂选择的起点。 pg. 58

视频 5.2
使用套索选择

了解套索、多边形套索和磁性套索工具,以及如何、何时使用它们。 pg. 60

视频 5.3
使用魔棒选择

学习如何使用这个古老的选择工具,以及如何保持它的"魔力"。pg. 61

视频 5.4
快速选择

关于使用强大的快速选择工具在Photoshop中进行快速准确的选择。 pg. 62

视频 5.5
选择对象

如何自动检测和选择图像中的一个或多个对象。 pg. 64

视频 6.1
图层概述

图层是Photoshop中最基本的概念之一。本视频确定了不同类型的图层以及何时使用这些图层。 pg. 76

视频 6.2
管理图层

有效地使用图层是Photoshop的一项关键技能。在本视频中了解如何像专业人士一样管理图层。 pg. 88

视频 6.3
添加图层复合

如果需要向客户端显示不同版本的图像,图层复合就是最佳选择。本视频将向您展示如何使用此强大功能。 pg. 94

视频 7.1
蒙版概述

无论问题是什么,蒙版几乎可以肯定是答案的一部分。在这里,我们将介绍它们为什么如此重要。 pg. 98

视频 7.2
创建和编辑图层蒙版

看完这段视频后,您将能够创建一个图层蒙版,并对其进行连续、无损的编辑。 pg. 99

视频 7.3
创建和编辑矢量蒙版

就像图层蒙版一样,矢量蒙版非常适合隔离人造物体,但有硬边。pg. 103

视频 7.4
使用图层蒙版和矢量蒙版创建合成

这里有一个有趣的练习,您可以使用图层蒙版和矢量蒙版,以创建一种有趣的构图。 pg. 107

视频 7.5
使用渐变图层蒙版

渐变图层蒙版可以混合图像或曝光,这是一种非常有用的Photoshop技术。 pg. 109

视频 7.6
创建亮度蒙版　　这种先进的蒙版技术将帮助您创造出令人惊叹的复合效果。
pg. 118

视频 8.1
选择色彩范围　　需要精细选择吗?Photoshop的"色彩范围"工具可能是不错的选
择。 pg. 124

视频 8.2
使用选择并遮住　　选择并遮住是一个非常强大的工具,用于创建和细化选择。本视频
介绍如何使用它。 pg. 128

视频 8.3
替换天空　　替换天空工具可以随意替换天空。 pg. 130

视频 8.4
了解快速蒙版和Alpha通道　　这段视频揭开了这些经常被误解和未被充分利用的Photoshop概
念的神秘面纱。 pg. 136

视频 9.1
通过色阶提高动态范围　　使用色阶调整图层可以轻松(无损)改善图像的对比度和颜
色。 pg. 143

视频 9.2
使用曲线调整对比度和颜色校正　　作为"色阶"的替代(或增强),可以使用"曲线"调整图层来提高颜
色和对比度。pg. 148

视频 9.3
使用剪贴蒙版进行限制调整　　精确控制受影响的图层或使用剪贴蒙版将图层剪裁到特定形
状。 pg. 152

视频 9.4
自定义黑白转换　　有很多方法可以将图像转换为黑白图像,我们认为这是最好的方
法。 pg. 159

视频 9.5
使用渐变映射着色图像　　使用渐变映射调整图层创建酷炫(或古怪)的摄影效果,可以自己
制作,也可以利用Photoshop中很少使用的预设。 pg. 160

视频 10.1
变暗混合模式　　变暗、正片叠底、颜色加深和线性加深,了解如何在Photoshop中
使用变暗混合模式。 pg. 173

视频 10.2
浅色混合模式　　滤色、变亮、颜色减淡、线性减淡,探索轻盈的混合模式。 pg.175

视频 10.3
对比度混合模式　　学习使用叠加和柔光混合模式的一些实际用途。 pg.176

视频 10.4
颜色混合模式　　查看颜色和明度混合模式的一些实际用途。 pg.181

视频 11.1
选择颜色　　学习使用各种方法和颜色模式选择颜色:颜色选择器、颜色面板和
HUD颜色选择器。 pg. 188

视频 11.2
使用色板　　使用"色板"面板可以存储、组织、查找和应用特定的颜色。
pg. 189

视频 11.3
创建双色调　　将全色图像转换为双色调模式,然后通过选择特定的墨水并通过
曲线修改墨水量进行自定义。 pg. 192

视频 12.1
画笔选项设置　　了解如何使用设置和选项自定义笔刷以适应任何用途,以及如何
保存自己的自定义笔刷预设。 pg. 206

视频 12.2
使用历史记录画笔工具　　通过使用"历史记录画笔"工具在图像上绘制,将图像的部分恢复到
早期的历史状态。 pg. 206

视频 12.3
使用渐变　　使用预设渐变或自定义渐变,在多种颜色和透明度级别之间应用
混合。 pg. 209

视频 13.1
使用修补工具　　了解如何使用修补工具修复污渍、划痕和斑点,以及分散注意力的
人或物体等较大物品。 pg. 215

视频 13.2 **使用仿制图章工具**	了解如何通过将像素副本从一个区域绘制到另一个区域来删除不需要的元素。 pg. 218
视频 13.3 **使用内容识别填充**	内容识别填充提供了一种强大而简单的方法,可以无缝地从图像中删除不需要的对象。 pg. 220
视频 14.1 **智能对象工作流**	了解如何使用链接和嵌入的智能对象,并决定哪种方法适合您的工作流程。 pg. 228
视频 15.1 **使用操控变形**	操控变形能够移动、拉伸和扭曲图像的特定部分,就好像它们是由黏土制成的一样。 pg. 249
视频 15.2 **使用内容识别缩放**	内容识别缩放允许您通过变换图像来重新组合图像,同时保护某些区域,使其保持不变。 pg. 250
视频 16.1 **滤镜概述**	查看过滤器如何允许您对图层或选择应用各种令人难以置信的无损修改。 pg. 256
视频 16.2 **使用智能滤镜**	了解如何增强现有细节的焦点,使图像看起来更清晰。 pg.263
视频 16.3 **Neural Filters**	使用机器学习技术应用快速、无损的调整,否则将涉及复杂且耗时的手动过程。 pg. 270
视频 17.1 **形状概述**	从矢量路径创建图形,以形状图层的形式,可以在不损失质量的情况下以任何大小输出。 pg. 273
视频 17.2 **自定义形状**	通过从Adobe Illustrator绘制或粘贴到Photoshop中,访问数百个预制的复杂矢量形状或定义新的自定义形状。 pg. 280
视频 17.3 **使用钢笔工具绘图**	了解如何使用各种技术和工具绘制和修改矢量路径。 pg. 283
视频 18.1 **基本文字选项概述**	请参阅三种添加文字的方法:单行的点文本、多行文本的段落文本和特殊效果的路径文本。 pg. 289
视频 19.1 **使用画板**	画板可以将不同的作品并排放在一个文件中。了解如何使用画板并在它们之间共享内容。 pg. 312
视频 19.2 **使用"导出为"导出为多种文件大小和格式**	使用"导出为"可以将整个文档或其组件快速导出为各种文件格式和大小。 pg. 317
视频 19.3 **创建动画GIF**	将一组静止图像转换为动画GIF,然后微调其播放速度和其他选项。 pg. 322

1

Photoshop入门

当您第一次打开Photoshop软件时，它的界面可能相当奇特，就像坐在直升机驾驶舱里不知道飞机如何飞行一样。所以，在这之前，让我们先了解一些背景知识。在本章中，您将了解在Photoshop中工作的一些基本原理，包括打开文件、创建新文件、保存文件以及关闭文档。

本章内容

打开文件	2
创建新的空白文档	3
文档预设	4
从相机下载图像	6
保存文档	7
关闭文档并退出Photoshop	10

打开文件

有几种打开文件的方法: 执行"打开"命令、"打开最近使用的文件"命令, 或将兼容的文件格式拖到Photoshop应用程序图标上。

要打开文件, 请执行以下操作:

1. 选择文件, 双击"打开"按钮按快捷键 (Ctrl/Command+O), 或单击主屏幕上的"打开"按钮 (图1.1)。

2. 找到包含该文件的文件夹, 然后从文件列表中选择要打开的文件。如果文件未显示, 请从"文件类型"(Windows) 或"启用"(macOS) 菜单中选择显示所有文件的选项。

3. 单击"打开"按钮。在某些情况下, 会出现一个对话框, 用于设置特定格式的选项。

TIP 如果同时打开了多个文件, 它们将显示为选项卡式文档。单击选项卡可以在打开的文档之间切换。也可以在Windows菜单上选择任何打开的文档的名称。

TIP 有时, 从最近打开的文件列表中进行选择更容易, 无论是执行"文件"→"打开最近的文件"命令还是在主屏幕上单击文件。(注意, 只有在"常规首选项"中选择了"自动显示主屏幕"选项时, 主屏幕才可见。)

TIP 如果选择相机原始格式的文件, 它将在Adobe camera raw中打开。在那里调整后, 可以在Photoshop中打开它。

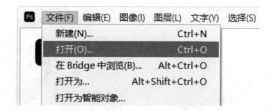

图 1.1 可以从"文件"菜单顶部或主屏幕打开一个文件

创建新的空白文档

创建一个新文档时，需要做出许多决定，对于Photoshop新手来说，其中一些决定可能没有意义。如果有疑问，请暂时使用默认设置。

要创建新文档，请执行以下操作：

1. 执行"文件"→"新建"命令（按快捷键Ctrl/Command+N），或者单击主屏幕上的"新文件"按钮，以打开"新建文档"对话框（图1.2）。

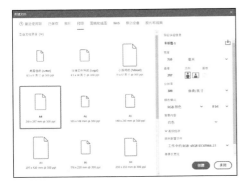

图 1.2 "新建文档"对话框

2. 在对话框顶部，单击文档类型选项卡（照片、打印、图稿和插图、Web、移动设备），然后选择出现的可用文档预设之一（图1.3）。

图 1.3 选择一个选项卡以显示所选的与要创建的文档类型最匹配的空白文档预设

3. 在"名称"字段中输入一个名称，或者跳过此项并在保存时重命名文件。

4. 如果不需要默认的文档大小，请选择一个测量单位，然后输入"宽度"和"高度"的值（图1.4）。

图 1.4 选择尺寸和默认测量单位

5. 选择文档方向：纵向（高）或横向（宽）。

6. 输入目标输出条件所需的分辨率（例如打印或屏幕）。

7. 选择"颜色模式"和"位深度"。大多数项目默认使用"RGB"和"8bit"（图1.5）。

图 1.5 如果默认值不符合需要，请为文档选择新的分辨率、"颜色模式"和"位深度"

8. （可选）单击"背景内容"色样以选择自定义背景色。白色是默认值，而且很少需要更改；如果文档正在处理中，就可以轻松地更改背景的颜色。

9. （可选）在高级选项下，从"颜色配置文件"菜单中选择一个配置文件（图1.6）。可用的配置文件将根据文档的"颜色模式"设置而有所不同。对于打印输出，建议选择"Adobe RGB (1998)"选项; 对于Web输出，建议使用sRGB。(对于打印和Web输出，将"像素长宽比"设置为"方形像素"。)

10. 单击"确定"按钮。此时会出现一个新的空白文档窗口。

TIP 如果剪贴板包含图像数据（从Photoshop或Illustrator或Web浏览器复制的艺术品），则"新建文档"对话框将使用剪贴板图像内容的像素尺寸作为默认的"宽度"和"高度"。

文档预设

如果用户倾向于选择相同的文档大小、颜色模式和其他设置，可以通过创建文档预设来节省时间。

要创建文档预设，请执行以下操作:

1. 执行"文件"→"新建"命令（按快捷键Ctrl/Command+N），打开"新建文档"对话框。

2. 选择所需的设置。

3. 单击"保存预设"按钮。

4. 输入预设的名称。现在，新预设将在"新建文档"对话框的"已保存"选项卡下列出（图1.7）。

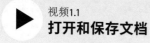
视频1.1
打开和保存文档

扫码看视频

TIP 要删除用户创建的预设，请选择它，然后单击缩略图右上角的垃圾桶图标。

图 1.6 "新建文档"对话框中的"高级选项"

图 1.7 保存的预设

概述: "新建文档"对话框

"新建文档"对话框允许用户:

- 使用多个类别的空白文档预设创建文档。在使用预设之前，可以修改它们的设置。

- 访问最近使用的模板和项目（单击"最近使用"选项卡以查看列表）。

- 保存自己的自定义预设，然后访问它们（单击"保存"选项卡查看它们）。

- 使用Adobe Stock 的模板创建文档。

模板

用户可以从Adobe Stock的模板开始，而不是从一个空白画布开始。一些Adobe Stock模板是免费的。模板包括可以用来完成项目的资源和插图。用户可以像处理任何其他Photoshop文档（PSD）一样使用模板。

要使用模板，请执行以下操作：

1. 在"新建文档"对话框中，单击类别选项卡，如"照片""打印""图稿与插图""Web""移动设备"或"胶片和视频"。

2. 选择一个模板（图1.8）。

图 1.8 Adobe Stock提供的一些免费模板

3. 单击"查看预览"按钮以查看模板的预览。

4. 单击"下载"按钮。Photoshop会提示用户是否下载该模板。

5. 模板下载后，单击"打开"按钮将其打开。当模板打开时，系统可能会提示用户同步Adobe字体中的字体；单击"确定"按钮。

6. 下载的模板被添加到一个名为Stock模板的创意云库中，可以在"库"面板中访问此库。它们还显示在"最近使用的文档"→"模板"下的"新建文档"对话框中。

7. 打开一个模板时，它的一个实例会作为一个新的无标题PSD文档打开。对该PSD文档所做的更改不会影响原始模板。

8. 可以使用"在Adobe Stock上查找更多模板"字段来搜索和下载其他模板。Photoshop在一个新的浏览器窗口中打开Adobe Stock网站。

从相机下载图像

将图像输入Photoshop的一种方法是通过连接相机或媒体读卡器将图像下载到计算机。只要文件在计算机上，就可以使用任意方法将它们作为Photoshop文档打开。

要从相机加载图像，执行以下操作：

执行以下操作之一：

- 执行Adobe Bridge中的"从相机获取照片"命令下载照片（图1.9），以及对照片进行组织、重命名和应用元数据。

- 如果相机或读卡器在计算机上显示为驱动器，请将图像文件复制到硬盘驱动器。

- 使用相机附带的软件Windows Image Acquisition（Windows）或Image Capture（macOS）将图像传输到计算机。

文件(F)	
新建窗口	Ctrl+N
新建文件夹	Ctrl+Shift+N
打开	Ctrl+O
打开方式	>
最近打开文件	>
在 Camera Raw 中打开…	Ctrl+R
关闭窗口	Ctrl+W
删除	Ctrl+Del 键
返回 Adobe Photoshop	Ctrl+Alt+O
在"资源管理器"中显示	
在 Bridge 中显示	
导出到	>
导出进度	
工作流	>
工作流进度	
从相机获取照片…	
移动到	>
复制到	>
置入	>
从收藏夹中移去	
文件简介…	Ctrl+I
退出	Ctrl+Q

图 1.9 执行"从相机获取照片"命令下载照片

从扫描仪获取图像

虽然扫描仪现在不怎么受用户欢迎，但它仍然是数字化图像的好方法。大多数扫描仪都配有独立的软件来扫描和保存图像。无论使用哪种方法，基本过程都是相同的。

1. 启动扫描软件，并根据需要设置选项。

2. 以TIFF格式保存扫描的图像。

3. 在Photoshop中打开保存的TIFF文件。

一些扫描仪软件也可以在扫描完成后将Photoshop指定为图像的外部编辑器。有关详细信息请参阅扫描仪文档。

文件名(N): 未标题-1.psd

保存类型(T): Photoshop (*.PSD;*.PDD;*.PSDT)

存储选项
颜色: ☑ ICC 配置文件(C):
Adobe RGB (1998)

图 1.10 选择文件格式

文件保存选项

执行"文件"→"存储副本"命令时，Photoshop
提供的选项取决于用户正在保存的图像和所选
的文件格式（图1.11）。

存储副本: 保存文件的副本，同时保持当前文
件的打开状态。

Alpha通道: 保存可能已添加到文档中的任何
Alpha通道。（见第8章。）

图层: 保留图像层。如果禁用该选项或该选项
不可用，则将展开或合并图层（取决于选定的
格式），（见第6章。）

注释: 将使用"注释"工具创建的所有注释与
图像一起保存。

专色: 保存可能已添加到文档中的任何点通道。
（见第11章。）

**使用校样设置、ICC配置文件（Windows）或
嵌入颜色配置文件（macOS）** 创建颜色管理
的文档。（见第19章。）

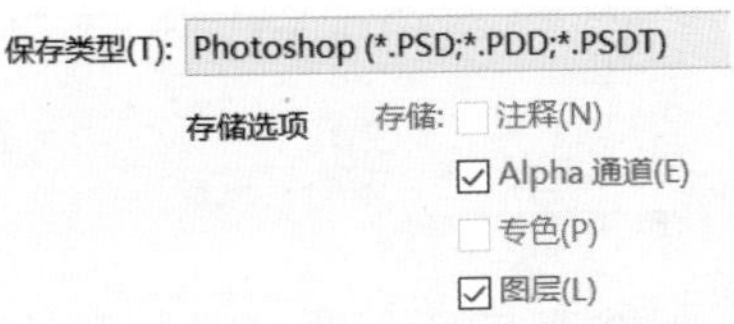

保存类型(T): Photoshop (*.PSD;*.PDD;*.PSDT)

存储选项　存储: ☐ 注释(N)
　　　　　　　　 ☑ Alpha 通道(E)
　　　　　　　　 ☐ 专色(P)
　　　　　　　　 ☑ 图层(L)

图 1.11 Photoshop（PSD）源文件的文件保存选项

保存文档

尽管Photoshop可以以十几种格式保存文
件，但用户可能只会使用其中的一些格式，
如PSD（Photoshop文件格式）、Photoshop
PDF、JPEG和TIFF。如果不确定使用什么格式，
请坚持使用PSD格式。事实上，为了无损地工作
（稍后会详细介绍），用户应该始终以PSD格式
保存文档，然后以所需的任何格式保存副本。
这样，将始终有一个可编辑的"主文件"PSD，
以便在必要时返回。

要保存文档，请执行以下操作:

1. 执行"文件"→"存储"命令（按快捷键Ctrl/
   Command+S）。如果文档为空，执行"文
   件"→"存储为"命令（按快捷键Ctrl/Shift+S/
   Command+Shift+S），打开"另存为"对话框。

2. 在"文件名"字段（Windows）或"另存为"
   字段（macOS）中输入名称。

3. 单击"此电脑"按钮。

4. 选择文件的位置。在Windows中，使用对
   话框左侧的"导航"窗格。在macOS中，
   单击窗口左侧边栏面板中的驱动器或文件
   夹，然后单击其中一列中的文件夹。要查
   找最近使用的文件夹，请使用"另存为"字
   段下方的菜单。

5. 从"保存类型/格式"菜单中，选择一种文
   件格式（图1.10）。PSD、PSB（大型文档格
   式）、Photoshop PDF和TIFF格式支持图层。

6. 如果不熟悉"存储"区域和"颜色"区域中
   列出的功能，请保持设置不变。

7. 单击"保存"按钮。

第一次保存文件后，默认情况下，每次执行"存储"命令都会覆盖以前的版本。但是，如果需要图像的多种变体，则可以轻松地保存单独的副本。"存储副本"命令在打开现有文档的同时创建一个单独的副本。

要保存现有文档的单独副本，请执行以下操作：

1. 执行"文件"→"存储副本"命令（按快捷键Ctrl+Alt+S/Command+Option+S），以新名称或使用不同选项（例如，有或没有Alpha通道或层）保存文件的副本。

2. 选中"保存"区域中任何适当的可用选项。

3. （可选）默认情况下，"副本"会附加到文件名后面。如果愿意，请为文件指定一个不同的名称。

4. 单击"保存"按钮。

> **TIP** 文档选项卡或标题栏上的星号表示未保存的更改。

> **TIP** 要使"存储为"对话框中的位置默认为当前文件的位置，执行"编辑"→"首选项"→"文件处理"命令，然后勾选"存储至原始文件夹"复选框。

> **TIP** 复制整个文档的另一种方法是执行"图像"→"复制"命令。这将为文件的副本创建一个新窗口，然后需要将其另存为一个单独的文件。

要保存文件的展开副本，请执行以下操作：

1. 执行"文件"→"存储副本"命令。

2. 取消选择"图层"选项；如果选择的格式（如JPEG）不支持图层，则会自动取消选择该选项。

3. 选择适当的格式和任何可用选项。

4. 单击"保存"按钮。

文件保存首选项

使用"文件处理首选项"对话框，可以自定义默认的文件保存选项。我们只讨论最重要的设置。

执行"编辑"→"首选项"→"文件处理"命令，然后在"文件存储选项"下选择以下任意选项（图1.12）：

图 1.12 在"文件处理首选项"对话框中自定义文件保存选项

· **图像预览：** 选择"总是存储"选项以自动包含文件预览（我们的首选项）。如果选择"存储时询问"选项，则此预览选项将显示在"另存为"对话框中。

· **后台存储：** 勾选此复选框后，不必等到Photoshop完成保存文件后再继续工作。

· **自动存储恢复信息的间隔：** 勾选此复选框可按指定的时间间隔自动存储故障恢复信息。如果系统崩溃，重新启动Photoshop时，将恢复之前的工作。

云文档

Adobe的云原生文档文件类型允许在线或离线跨设备工作。使用云文档，编辑结果将被保存并同步到云。只要登录到自己的Adobe账号，就可以在任何地方使用任何设备使用它们。

例如，在桌面的Photoshop上，可以选择将文档保存为云文档，以便在iPad上使用Photoshop编辑文档（图1.13）。执行"文件"→"存储为"命令，然后（如果对话框尚未处于"保存到创意云"模式）单击"保存到云文档"按钮。

默认情况下，iPad上的Photoshop会将文档保存为PSDC云文档。

还可以从Photoshop和assets.adobe.com上访问云文档。

图 1.13 选择要将文档保存到云中或计算机的位置

关闭文档并退出 Photoshop

完成对文档的处理后，一定要关闭文档页面，以使内存可用于其他文档，这样用户就不会无意中编辑文档。全部文档处理结束后，可以退出Photoshop。

关闭文档：

1. 单击文档选项卡中的"X"按钮，执行"文件"→"关闭"命令（按快捷键Ctrl/Command+W），或单击浮动文档窗口角落（右上角，Windows；左上角，macOS）的"关闭"按钮。

2. 如果文件中有未保存的更改，则会显示警告。单击"否"（N）/"不保存"按钮关闭文件而不保存，或单击"是"（Y）/"保存"（S）按钮保存文件（或单击"取消"按钮或按Esc键取消"关闭"命令）。

TIP 要关闭所有打开的文档，执行"文件"→"关闭全部"命令（按快捷键Ctrl+Alt+W/Command+Option+W）。如果出现警告对话框，可以单击"全部应用"按钮（如果需要），将一个响应应用于所有打开的文档，然后单击"否/不保存"或"是/保存"按钮。

退出/退出Photoshop并关闭所有打开的文件：

- 在Windows中，执行"文件"→"退出"命令（按快捷键Ctrl+Q），或单击应用程序框架的"关闭"按钮。

- 在macOS中，执行Photoshop→退出Photoshop命令（按快捷键Command+Q）。

TIP 如果任何打开的文件包含未保存的更改，则退出/退出Photoshop时，每个文件都会显示一个警告对话框。

状态栏

工作时，请留意文档窗口底部的状态栏和菜单，它们显示有关当前文档的有用信息。

用户可以通过应用程序框架底部状态栏右侧的菜单指定要显示的信息（图1.14）。最有用的信息如下：

文件大小： 显示文件的扁平版本（如果以PSD格式保存）的大致存储大小（在左侧），以及包括层和任何Alpha通道的文件大小（在右侧）。

文档配置文件： 显示嵌入当前文件中的颜色配置文件以及每个通道的位数。如果文档没有嵌入的配置文件，则显示为未标记。

文档维度： 显示图像的尺寸（宽度和高度）和分辨率。

图 1.14 状态栏

2

文档和导航

要想在Photoshop中轻松工作，用户需要知道什么叫对象、如何移动，以及如何找到需要的对象。这应该是毫不费力的，通过练习，用户可以集中精力发挥创造力。在本章中，您将熟悉Photoshop界面，并了解为什么事物以这样的方式命名，以及它们位于何处。至关重要的是，您将学习如何移动，包括如何更改缩放级别和屏幕模式以及旋转画布视图。当涉及到在文档中查看和移动时，有多种方法可以操作，这是Photoshop中反复出现的主题。

本章内容

Photoshop界面	12
查看图像	14
工具	18
应用程序框架	22
精确定位	26
工作空间	32

Photoshop界面

Photoshop界面的一个主要组件是它有许多的浮动面板,您可以重新排列、隐藏和显示这些面板。面板很容易隐藏或折叠,所以当用户不需要它们时,它们不会挡住您的去路,当需要时,它们又很容易显示和扩展。也可以将面板分组,并将它们停靠在屏幕一侧。

要隐藏(或显示)面板,请执行以下操作:

执行以下操作之一:

- 按Tab键可隐藏或显示所有打开的面板,包括"工具"面板。
- 按快捷键Shift+Tab可隐藏或显示打开的面板("工具"面板除外)。

要查找丢失的面板,请执行以下操作:

- 从"窗口"菜单中选择面板的名称以显示该面板。该面板显示在其默认组和停靠位置或其最后打开的位置。

要最小化和最大化面板或面板组,请执行以下操作:

1. 双击面板栏或选项卡以最小化面板或面板组。

2. 再次双击面板栏以最大化面板或面板组,或者单击面板选项卡(图2.1)。

TIP 使用"笔刷"工具时,可以通过单击选项栏上的"切换笔刷设置面板"按钮来显示"笔刷设置"面板。

TIP 使用"类型"工具时,可以通过单击选项栏上的切换按钮来显示"字符/段落"面板组。

要关闭面板,请执行以下操作:

执行以下操作之一:

- 在面板选项卡上右击,然后在弹出的快捷键菜单中选择"关闭"或"关闭选项卡"选项。
- 单击浮动面板左上角的"关闭"按钮。

要对面板进行分组和移动,请执行以下操作:

1. 单击面板的选项卡,然后将其拖动到另一个组。

折叠到图标

最小化

折叠到图标

最小化

2. 出现蓝线时释放鼠标左键。

3. 向左或向右拖动面板名称可以更改面板在组中的位置。

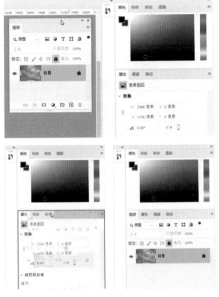

图 2.2 固定"图层"面板之前、期间、之后

图 2.3 折叠为图标

图 2.4 启用"自动折叠图标面板"选项

要固定和移动面板：

1. 将面板的选项卡或栏拖动到另一个面板、面板组或应用程序框架的边缘。

2. 当蓝色垂直或水平（取决于面板的位置）线出现时释放鼠标左键（图2.2）。

3. （可选）若要在固定中向上或向下移动面板，请拖动面板栏以重新定位它，然后在出现蓝线时松开鼠标左键。

要浮动停靠的面板或组，请执行以下操作：

1. 将面板从停靠或分组的面板中拖出来。

2. （可选）为了防止在移动时停靠在其他位置，请在拖动时按住Ctrl/Command键。

TIP 若要调整浮动面板的大小，请拖动边或调整大小框。

要将停靠面板折叠为图标，请执行以下操作：

执行以下操作之一：

- 单击停靠在面板顶部的"折叠为图标"（双箭头）按钮，或双击最顶部的栏，将停靠的面板折叠为图标（图2.3）。当它折叠时，可以拖动停靠面板的边缘以显示或隐藏其面板名称。

- 启用"工作区"首选项中的"自动折叠图标面板"选项，单击面板外部时，会自动将面板折叠为图标（图2.4）。关闭此首选项后，离开时面板会保持展开状态。

查看图像

通常，在Photoshop中打开图像时，整个图像都是可见的，这被称为"适合屏幕"视图。图像的放大率取决于其像素尺寸和显示器的大小。例如，具有高像素计数的图像最初可能仅以其实际大小的16.7%显示，而具有较低像素计数的文件可能以50%显示。

您可以以0.26%~12800%的任何百分比查看文档，但最重要的两种视图大小是"适配屏幕"视图和100%视图，在这两种视图中，可以获得图像的概览以评估颜色、对比度和构图，在100%视图中，可以决定图像的技术质量。需要注意的是，100%指的是文档像素对于屏幕像素来说的，并不是指图像的物理尺寸。

要在屏幕上显示图像，请执行以下操作：

执行以下操作之一：

- 按快捷键Ctrl/Command+0（零）。
- 双击工具箱中的"抓手"工具。
- 执行"视图"→"按屏幕大小缩放"命令。
- 选择"缩放"工具或"抓手"工具后，单击选项栏上的"适合屏幕"按钮（图2.5）。

要100%查看图像，请执行以下操作：

执行以下操作之一：

- 按快捷键Ctrl/Command+1。
- 双击工具箱中的"缩放"工具。
- 执行"视图"→100%命令。
- 在选项栏上单击 100% 按钮。

要想在Photoshop中感到舒适，必须知道如何更改图像的放大率（放大以变大，缩小以变小），以及如何平移放大到"适合屏幕"大小之外的图像。您可以在三个位置找到当前的缩放百分比：在文档选项卡、文档窗口的左下角和导航器面板（如果显示）（图2.6）。

图 2.6 文档选项卡、文档窗口左下角和"导航器"面板上的缩放百分比

图 2.5 "缩放"工具的选项栏

缩放工具首选项

可以在"工具"首选项中自定义"缩放"工具的行为方式。要查看您的选项，执行"编辑"→"首选项"→"工具"命令（Windows）或执行Photoshop→"首选项"→"工具"命令（macOS）：

带动画效果的缩放: 在按住"缩放"工具的同时启用连续缩放。

缩放时调整窗口大小: 使用浮动窗口而不是选项卡式文档时，会影响窗口和图像的大小。

使用滚轮缩放: 可以使用鼠标上的滚轮进行缩放。

将单击点缩放至中心: 将缩放视图集中在单击点上。

要使用"缩放"工具，请执行以下操作:

1. 选择"缩放"工具（按Z键）。

2. 单击图像进行放大。每次单击都会将图像放大或缩小到下一个预设百分比，使图像以单击点为中心。

3. 按住Alt/Option键单击屏幕可缩小/放大图像。

默认情况下，"动画缩放"工具也处于启用状态。如果不喜欢此工具，可以在"工具"首选项中将其关闭。

 视频2.1
使用面板和自定义工作空间

 扫码看视频

要使用动画缩放，请执行以下操作:

1. 在图像中单击并按住Alt/Option键（不要拖动）以进行放大。

2. 按住Alt/Option键并单击屏幕可缩小。

3. 第三个缩放选项是"细微缩放"，可以从选项栏打开"细微缩放"（图2.7）。"细微缩放"的好处是不需要把手从鼠标上移开就可以使用它。

 细微缩放

图 2.7 选项栏上的"细微缩放"

要使用细微缩放，请执行以下操作:

1. 在选项栏上选择"细微缩放"选项（如果尚未启用）。

2. 单击要放大的位置，然后立即向右拖动以放大。

3. 再次单击并立即向左拖动以缩小。

然而，并不是每个人都喜欢"细微缩放"。另一种方法是关闭此功能，然后拖动图像中要放大的部分。选区内的区域以尽可能高的放大率显示。要在图像周围移动选区，可以按住空格键然后拖动选区。

TIP 要调整缩放，也可以右击图像并在弹出的快捷菜单中选择缩放选项（图2.8）。

图 2.8 使用"缩放"工具右击以查看缩放选项 **TIP**
如果达到最大放大倍数（12800%）或最小尺寸（1像素），则放大镜显示为空。

TIP 单击选项栏上的"填充屏幕"按钮，以使图像填充窗口（只能看到图像的一部分）。

TIP 要临时缩放图像，可以按H键以访问"抓手"工具。单击并按住鼠标左键不放，然后将缩放框拖到图像的不同部分。

"导航器"面板

使用"导航器"面板可以通过缩略图显示更改图稿的视图。彩色框（代理视图区域）表示窗口中当前可查看的区域。

要使用"导航器"面板，请执行以下操作：

1. 执行"窗口"→"导航器"命令，以显示"导航器"面板。

2. 要更改放大倍数，请在文本框中输入一个值，单击"缩小"或"放大"按钮，或拖动"缩放"滑块（图2.9）。

3. 要更改图像的视图，请在图像缩略图中拖动代理区域。

TIP 若要同时设置代理区域的大小和位置，请按Ctrl/Command键拖动图像缩略图。

抓手工具

使用"抓手"工具可以在文档窗口中重新定位放大的图像。然而，要使其工作，必须在打开文档之前在首选项中打开"使用图形处理器"（执行"编辑/Photoshop"→"首选项"→"性能"命令），并且必须在"首选项"→"工具"菜单中打开"启用轻击平移"。

图 2.9 "导航器"面板：查看整个图像（顶部）并放大

要使用"抓手"工具重新定位图像,请执行以下操作:

1. 按H键或按住空格键可临时调用"抓手"工具。

2. 在文档窗口中拖动以移动图像。

TIP 在"首选项"→"工具"菜单中选择"过界"选项,以便滚动经过画布边缘。这在处理与画布边缘相交或延伸到画布边缘之外的层时很有帮助。

TIP 选择"启用轻击平移"选项,通过使用"抓手"工具"轻击平移"(也就是将文档四处翻转)在文档窗口中移动图像。

TIP 如果打开了多个文档,可以通过打开选项栏上的"滚动所有窗口",使用"抓手"工具同时滚动这些文档。

"旋转视图"工具

"旋转视图"工具会暂时倾斜画布,这样用户可以以更舒适的角度工作,如果在平板计算机上使用手写笔进行绘图或绘画,会非常有用。"旋转视图"工具不转换图像,只转换图像的视图。要使用"旋转视图"工具,必须在"编辑"→"首选项"→"性能"中选中"使用图形处理器"。如果首选项已关闭,请选中它,然后重新打开文档。

要旋转画布视图,请执行以下操作:

1. 选择"旋转视图"工具(在"手动"工具菜单中)或按R键启用工具。

2. 在图像中拖动(暂时显示指南针)以进行旋转。如果要将旋转限制为15°增量,请按住Shift键(图2.10)。

3. 单击选项栏上的"复位视图"按钮以重置画布。

图 2.10 旋转图像的视图

TIP 选择"旋转视图"工具时,还可以使用选项栏更改画布的旋转角度。选择"旋转视图"工具,然后拖动灌木状滑块,或在选项栏上移动刻度盘。

TIP 如果在"首选项"→"工具"菜单中启用了"启用手势",也可以使用触控板上的多点触摸手势旋转画布视图。

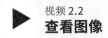
视频 2.2
查看图像

扫码看视频

工具

"工具"面板 (也称为工具栏) 位于屏幕左侧。(如果它是隐藏的, 请执行窗口→"工具"命令来显示它) 这里找到的大多数工具都有显示在选项栏中的选项。要选择一个工具, 只需单击它或按它的快捷键即可。

还可以单击工具图标右下角的小三角形按钮, 以显示共享相同工具空间的隐藏工具。

然而图标只能解释这么多。若要了解有关工具的详细信息, 可以将光标放置在工具上以查看工具提示。一些工具提供了丰富的工具提示, 其中显示了该工具的说明和短视频 (图2.11)。

熟悉这些工具后, 您可以通过取消勾选择"首选项"→"工具"→"显示丰富的工具提示"复选框来关闭这些丰富的工具提示。

要访问"工具"面板中的隐藏工具, 请执行以下操作:

执行以下操作之一:

- 单击并按住可见工具以显示隐藏的工具 (图2.12)。

- 按住Alt/Option键单击可见工具, 在同一插槽中的相关工具之间循环。

- 按Shift键加上单个快捷键可在同一插槽中的工具之间循环 (例如, 按快捷键Shift+L可在三个套索工具之间循环)。为此, 必须在"编辑/Photoshop"→"首选项"→"工具" 中启用"使用Shift键切换工具"选项。

- 要在选择另外一个工具时临时访问 (弹簧加载) 其他工具, 请长按其快捷键。当您发布时, 将返回到以前使用的工具。

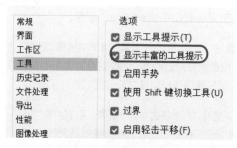

图 2.11 勾选"工具"首选项中的"显示丰富的工具提示"复选框, 可以快速直观地了解工具的功能

	历史记录画笔工具	Y
	历史记录艺术画笔工具	Y

■	橡皮擦工具	X
	背景橡皮擦工具	E
	魔术橡皮擦工具	E

■	渐变工具	G
	油漆桶工具	G
	3D 材质拖放工具	G

■	模糊工具	
	锐化工具	
	涂抹工具	

■	减淡工具	O
	加深工具	O
	海绵工具	O

■	钢笔工具	P
	自由钢笔工具	P
	弯度钢笔工具	P
	添加锚点工具	
	删除锚点工具	
	转换点工具	

■	横排文字工具	T
	直排文字工具	T
	直排文字蒙版工具	T
	横排文字蒙版工具	T

	路径选择工具	A
■	直接选择工具	A

■	矩形工具	U
	椭圆工具	U
	三角形工具	U
	多边形工具	U
	直线工具	U
	自定形状工具	U

	抓手工具	H
■	旋转视图工具	R

图 2.12

显示所有工具槽的"工具"面板

TIP 要查看当前工具的工具提示（类似于展开的工具提示），请查看"信息"面板的底部（图2.13）。如果没有看到工具提示，请从"信息"面板菜单（面板的右上角）中选择面板选项，然后选择显示工具提示。

选项栏

在选项栏上，可以选择当前工具的设置。选项栏的外观会根据您选择的工具而变化。

例如，对于"笔刷"工具，可以选择笔刷预设，以及"大小""硬度""混合模式"和"不透明度"设置。

在更改设置、重置该工具或重置所有工具之前，这些设置一直有效。

要显示选项栏，请执行以下操作：

- 默认情况下会显示选项栏，但如果它变为隐藏状态，请执行"窗口"→"选项"命令以显示它。

要恢复工具默认设置，请执行以下操作：

1. 单击"工具预设选取器"按钮（选项栏的左侧）。

2. 单击齿轮图标，然后选择"复位工具"（仅恢复当前工具）或"复位所有工具"（恢复所有工具的默认值）选项（图2.14）。

光标

您可以选择光标是显示为十字线、当前工具的图标，还是对于某些工具，显示为大小为当前笔刷直径的一半的圆圈，以及圆圈中是否有十字线。

要更改光标的外观，请执行以下操作：

- 执行编辑→"首选项"→"光标"命令（图2.15）。

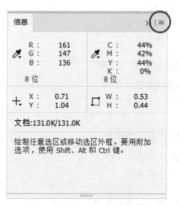

图 2.13 "信息"面板显示"磁性套索"工具的工具提示

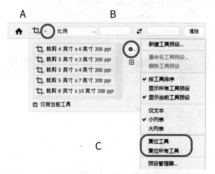

图 2.14 复位工具。A：单击工具右侧的向下箭头以打开"工具预设选取器"。B：单击齿轮图标访问菜单，其中包括重置特定工具或所有工具的选项（C）

图 2.15 更改"首选项"中光标的外观

自定义工具栏

通过单击工具栏底部的三个点按钮并选择"编辑工具栏"选项来自定义工具栏，以适应工作流程（图2.16）。

在"自定义工具栏"对话框中，可以进行以下操作。

- 重新组织工具栏。

- 将不常用的工具移动到"附加工具"列表。

- 单击"储存预设"按钮以保存自定义工具栏。

- 单击"载入预设"按钮以打开以前保存的自定义工具栏。

- 单击"恢复默认值"按钮以重置默认工具栏。

- 单击"清除工具"按钮将所有工具移动到"附加工具"列表。

- 单击工具栏底部的小部件，选择要显示/隐藏的小部件。

图 2.16 "自定义工具栏"对话框和一些很少使用的工具移到了"附加工具"列表

应用程序框架

在Windows中，Photoshop界面位于"应用程序"窗口中。它包含顶部的菜单栏和选项栏、面板和任何打开的文档，默认情况下，这些文档作为选项卡停靠。

macOS中的应用程序框架具有相同的用途，但是可选的。如果框架是隐藏的，请执行"窗口"→"应用程序框架"命令。

我们将把这两个版本统称为应用程序框架。

以选项卡的形式查看图像

我们建议将打开的文档窗口固定为选项卡（默认设置），而不是将它们浮动为单独的窗口。停靠为选项卡，可以将未处理的文档放在视图之外，但可以随时访问（图2.17）。单击选项卡显示停靠的文档。

图 2.17 三个打开的文档选项卡显示，相同的文档漂浮在窗口中

TIP 可以调整应用程序框架的大小或将其最小化。若要调整其大小，请拖动边或角。要最小化及其包含的任何选项卡式文档，请单击"最小化"按钮（右上角，Windows；左上角，macOS）。

TIP 按快捷键Ctrl/Control+Tab或Ctrl/Command+~（波浪号）在打开的文档中循环。添加Shift键，将朝相反的方向前进（打开了几个选项卡，不想一直循环回到开始时，这很有用）。

如果文档没有自动作为选项卡停靠，可以重置首选项，使其能够停靠。执行编辑/Photoshop→"首选项"→"工作区"命令，然后选中打开的文档作为选项卡（图2.18）。

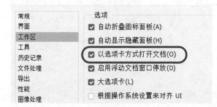

图 2.18 "工作区"首选项

要停靠浮动文档，请执行以下操作：

1. 将文档的标题栏拖到应用程序框架的选项卡区域（选项栏正下方）。

2. 出现蓝线时释放鼠标左键。

要将所有浮动文档停靠为选项卡，请执行以下操作：

- 执行"窗口"→"排列"→"将所有内容合并到选项卡中"命令。或者，如果至少停靠了一个文档，右击其选项卡，然后在弹出的快捷菜单中选择"全部合并到此处"选项。

排列多个文档

要在"应用程序框架"中同时查看或编辑多个文档，可以按预设布局排列它们，例如两个文档并排或垂直排列，四个或六个文档按网格状平铺排列。

要排列多个文档，请执行以下操作：

执行以下操作之一：

- 在"窗口"→"排列"子菜单中，选择一个平铺选项，如"全部垂直拼贴"或"双联水平"（图2.19）。
- 在两个窗口之间拖动条或右下角可以调整窗口的大小。
- 将一个文档的选项卡拖动到另一文档的选项卡，可以将可见窗口的数量减少一个。
- 执行"窗口"→"排列"→"将所有内容合并到选项卡中"命令，可以一次查看一个文档。

图 2.19 选择排列选项

在多个窗口中查看图像

可以在多个窗口中打开相同的图像。

要为文档打开新窗口，请执行以下操作：

- 执行[图像文件名]的"窗口"→"排列"→"新建窗口"命令。可以独立设置每个窗口的视图大小，当用户想处理图像的放大部分，同时看到整个图像所做的任何更改时，这很有用（图2.20）。

图 2.20 在两个窗口中同时查看不同视图大小的图像

要排列多个窗口，请执行以下操作：

1. 执行"窗口"→"排列"命令。

2. 选择一个显示选项：

   ▸ **级联**: 显示从屏幕左上角到右下角堆叠和级联的未对接窗口。

   ▸ **拼贴**: 显示窗口边缘。关闭图像会调整打开的窗口的大小，从而填充可用空间。

   ▸ **浮动窗口**: 允许图像自由浮动。

   ▸ **在窗口中全部浮动**: 浮动所有图像。

   ▸ **将所有内容合并到选项卡中**: 在"适应窗口"视图中显示活动图像，并将其他图像最小化为选项卡。

匹配缩放和匹配位置

在比较图像时，"匹配缩放"和"匹配位置"选项很有用，因为您知道您正在进行类似的比较：相同的视图大小和图像的相同部分。

要将多个图像缩放相同的量，请执行以下操作：

1. 打开多个图像，或在多个窗口中打开一个图像。

2. 执行"窗口"→"排列"→"平铺"。

3. 选择"缩放"工具后，在选项栏中选择"缩放所有窗口"选项。

4. 单击其中一个图像。其他图像被放大或缩小相同的量。

屏幕模式

屏幕模式控制显示哪些界面功能。要在屏幕模式之间循环，请按F键或从"工具"面板底部的屏幕模式菜单中选择一种模式（图2.21）。该菜单提供三种选择。

标准屏幕模式(默认)：显示整个界面，包括应用程序框架、菜单栏、选项栏、当前文档、文档选项卡和面板，桌面（以及任何其他打开的应用程序窗口）在其外部可见。

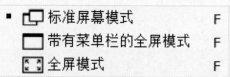

图 2.21 Photoshop的屏幕模式

带有菜单栏的全屏模式：仅显示当前文档，显示上述所有界面功能，但隐藏应用程序框架、文档选项卡、桌面和其他窗口。

全屏模式：仅显示当前文档，其中界面功能隐藏，面板仅在滚动时可见。如果显示，标尺在全屏模式下仍然可见。

要使用"匹配缩放"比较图像，请执行以下操作：

1. 打开两个或多个图像（或在多个窗口中打开一个图像）。在这个例子中，我们比较两个相似的图像，以确定使用哪一个。

2. 执行"窗口"→"排列"→"双联水平"或"双联垂直"命令（图2.22）。

3. 选择"缩放"工具并按住Shift键单击其中一个图像，其他图像会以相同的放大率缩放（图2.23）。

要匹配位置：

1. 如果当前打开的图像的位置不同，请执行"窗口"→"排列"→"匹配位置"命令。

2. 选择"抓手"工具，在选项栏中勾选"滚动所有窗口"复选框，然后在其中一个图像上拖动（图2.24）。（或者，在使用"抓手"工具拖动的同时按住Shift键。）

图 2.22 使用"双联水平"布局比较的图像

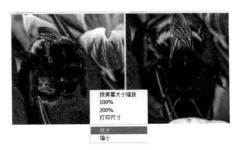

图 2.23 匹配缩放和位置，可以看到右侧图像中的细节更清晰

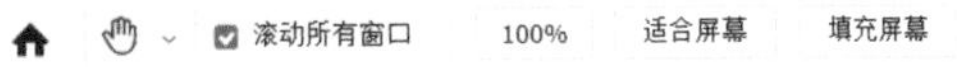

图 2.24 勾选"滚动所有窗口"复选框，以便"抓手"工具同时平移所有文档

智能参考线

智能参考线是临时参考线，拖动图层或选定内容时会自动显示和消失。不创建参考线，如果菜单项旁边有复选标记，执行"视图"→"显示"→"智能参考线"命令，则参考线将变为可见。使用智能参考线，可以进行如下操作。

- 显示层之间的距离。

- 将光标悬停在形状上时按住Ctrl/Command键，显示与画布边缘的距离以及对象之间的距离（图2.25）。

- 与对象的顶部、底部、左侧或右侧边缘对齐，或与对象的中心对齐。

图 2.25 使用智能参考线确保元素之间的间距相等

精确定位

Photoshop有许多视图选项，可以帮助用户精确定位图像或元素。根据自己的工作风格，会一直依赖和使用一些视图，其他的则使用频率较低（但在需要时非常方便），还有一些则是"千载难逢"的选择。

标尺

标尺将以用户选择的测量单位显示在活动窗口的顶部和左侧。标尺上的标记显示光标的位置。

要显示或隐藏标尺，请执行以下操作：

- 执行"视图"→"标尺"命令（按快捷键Ctrl/Command+R）。

通过更改标尺原点或零点，可以从图像的特定点进行测量。标尺原点还设置栅格的原点。

要设置标尺原点，请执行以下操作：

执行以下操作之一：

- 从两个标尺相交的左上角开始，沿对角线拖动到图像中，用来更改标尺的原点或零点（图2.26）。

- 执行"视图"→"对齐到"命令，启用该子菜单上的任何命令，以指示要捕捉标尺原点的位置，然后拖动标尺原点。

- 按住Shift键并从左上角对角拖动到图像中，可以将标尺原点捕捉到标尺标记。

要恢复默认原点，请执行以下操作：

- 双击图像左上角。

要更改标尺的测量单位：

执行以下操作之一：

- 双击标尺，或执行"编辑"→"首选项"→"单位和标尺"命令，然后选择新单位并单击"确定"按钮。

- 右击标尺上的任意位置，然后在弹出的快捷菜单中选择一个新单位（图2.27）。

- 更改"信息"面板上"光标坐标"区域中的单位，可以自动更改两个标尺上的单位。

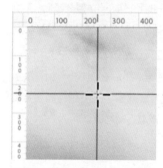

图 2.26 更改标尺的原点或零点

图 2.27 单击水平标尺或垂直标尺以更改测量单位

参考线行为

参考线和网格的行为方式类似：

- 在8个屏幕像素内拖动时，选择、选择边界和工具会捕捉到参考线或网格。参考线在移动时也会捕捉到网格。
- 导向可见性和捕捉设置是特定于图像的。
- 网格间距以及参考线和网格颜色和样式的设置适用于所有图像。
- 如果"视图→对齐到"处于启用状态，则可以将参考线捕捉到选定内容、当前选定图层上的内容边缘或网格线。启用"对齐到"选项通常更可取，但有时可能会受到限制。若要禁用"对齐到"（假设当前处于启用状态）选项，请在拖动参考线的同时按住Ctrl键。
- 拖动参考线时，光标将变为双向箭头。

当未选择任何层或画板时，"属性"面板上列出了常用的参考线选项（图2.28）。

图 2.28 "属性"面板上的参考线选项

参考线和网格

为了帮助对齐图像，Photoshop提供了网格覆盖和几种类型的参考线，它们有不同的颜色，用于不同的目的。所有参考线都是非打印的。

参考线：（执行"视图"→"显示"→"参考线"命令或按快捷键Ctrl/Command+；）在图像上显示为线条。可以移动和删除参考线。也可以把参考线锁上，这样就不会误动它们。

如果使用画板，画布参考线（青色）和画板参考线（浅蓝色）之间有区别，前者覆盖整个画布，后者仅显示在绘制它们的画板上。

如果要将画布参考线添加到包含画板的文档中，请在添加参考线之前，单击"层"面板的下方以确保未选中任何参考线。

智能参考线：（执行"查看"→"显示"→"智能参考线"命令）是临时的磁性品红色参考线，当一层接近另一层的边缘时会出现，有助于对齐形状、切片和选择。

网格：（执行"视图"→"显示"→"网格"命令或按快捷键Ctrl/Command+'）显示为灰色线或点，在调整多个元素的间距时非常有用。栅格相对于标尺原点进行定位。

要创建参考线，请执行以下操作：

执行以下操作之一：

- 从水平标尺中拖动水平参考线。（按Alt/Option键从该标尺拖动可创建垂直参考线。）

- 从垂直标尺拖动垂直参考线。（按Alt/Option键从该标尺拖动可创建水平参考线。）

- 通过执行"视图"→"新建参考线"命令，选择方向并输入位置，以数字方式定位参考线。

- 执行"查看"→"锁定/解锁参考线"命令以锁定和解锁参考线。

要从形状的边界框创建参考线，请执行以下操作：

- 执行"视图"→"通过形状新建参考线"命令。这也适用于图像层和类型层（图2.29）。

要将参考线对齐到目标，请执行以下操作：

执行以下操作之一：

- 执行"视图"→"对齐到"→"参考线/网格/层/切片/文档边界"命令或以上全部选项。

- 使用"移动"工具（V），在参考线、层内容的边缘或画布的边缘附近拖动选择。它会自动"对齐"到目标。

要移动参考线，请执行以下操作：

执行以下操作之一：

- 选择"移动"工具或按住Ctrl键以激活"移动"工具。

- 将光标放在参考线上，然后拖动参考线进行移动。移动参考线时，其当前的X或Y位置将显示在光标旁边。（如果无法选择参考线，

图 2.29 在文字图层周围放置参考线

则参考线可能已锁定。执行"查看"→"锁定参考线"命令。）

- 按住Alt/Option键并双击参考线，将其从水平方向隐藏到垂直方向。反之亦然。

- 在拖动参考线以捕捉标尺刻度时按住Shift键。如果执行"视图"→"对齐到"→"网格"命令，则参考线将对齐到网格。

要删除参考线，请执行以下操作：

执行以下操作之一：

- 将单个参考线拖到文档窗口外可将其删除。

- 执行"查看"→"清除参考线"命令删除所有参考线。

要设置参考线和网格首选项，请执行以下操作：

1. 执行"编辑"→"首选项"→"参考线/网格/切片"命令。

2. 为画布参考线、智能参考线和网格选择颜色和样式（实线或虚线）。

3. 输入网格间距和细分的值（可选）。更改测量单位。也可以选择"百分比"来创建一个划分为偶数部分的网格。例如，要将画布划分为4个象限，将"网格线间隔"设置为100%，并将"细分"设置为2。或者，对于"三等分规则"覆盖，将"网格线间隔"设置为100%，将"细分"设置为3（图2.30）。

图 2.30 可以打开和关闭的三等分规则网格

可以使用"新建参考线版面"对话框快速创建标准化参考线版面。

要创建多列参考线版面，请执行以下操作：

1. 执行"视图"→"新建参考线版面"命令，打开"新建参考线版面"对话框（图2.31）。

2. 勾选"预览"复选框，然后输入所需的行数和列数。

3. 更改值以指定列或行之间的间距。

4. 勾选"边距"复选框，然后在任何"边距"字段中输入值，以创建从画布的上、左、下或右边缘缩进的参考线。

5. 选中并清除现有参考线，可删除任何以前创建的参考线，包括标尺参考线（图2.32）。

图 2.31 "新建参考线版面"对话框

TIP 可以在任何字段名称上使用滑块来增加或减少当前值。当使用滑块以较小的增量更改值时，请按快捷键Alt+Option，或按住Shift键以较大的增量更改该值。

图 2.32 使用"新参考线版面"创建的16列网格

标尺工具

标尺工具能够计算两点之间的距离。从一个点测量到另一个点时，Photoshop会绘制一条非打印线，选项栏和"信息"面板会显示以下信息：

- 起始位置（X和Y）。
- 与X轴的水平（W）距离和与Y轴的垂直（H）距离。
- 相对于轴线（A）测量的角度。
- 行驶的总长度（L1）。
- 使用量角器时行进的长度（L1和L2）。

要在两点之间进行测量，请执行以下操作：

1. 选择标尺工具。（如果标尺不可见，请单击并按住吸管工具上的光标。）
2. 从一个点拖动到另一个点。按住Shift键，将工具限制为45°增量（图2.33）。

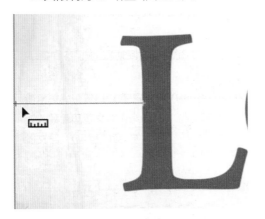

X: 43.00 Y: 96.00 W: 134.00 H: 0.00 A: 0.0° L1: 134.00 L2:

图 2.33 测量点之间的距离

TIP 按Alt/Option键从测量线的一端以一定角度拖动，从现有测量线创建量角器。按住Shift键可将工具约束为45°增量。

要编辑测量线，请执行以下操作：

1. 使用标尺工具，拖动现有测量线的一端。
2. 若要移动直线，请从任一端点拖动。
3. 若要删除该线，请将该线从图像中拖走，或单击选项栏中的"清除"按钮。

像素网格

在800%或更大的放大率下，图像的像素网格变得可见。当需要定位对象，使其在全像素而不是锯齿边缘上对齐时，这有助于创建屏幕资源。要隐藏网格，执行"视图"→"显示"命令，然后取消选择"像素网格"选项（图2.34）。

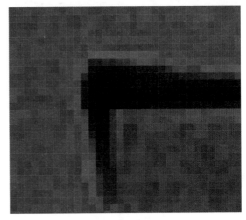

图 2.34 以放大视图尺寸查看像素网格

工作区

工作确定显示哪些面板以及这些面板的排列方式。要更改面板设置，请从"工作区"菜单或"窗口"→"工作区"子菜单中选择预定义的工作区（图2.35）。

找到适合需要的面板排列方式时，也可以保存自定义工作区。还可以包括自定义键盘快捷键和/菜单集（菜单集允许更改菜单命令的颜色标签和可见性）。重新启动保存的工作区时，所有打开的面板都显示在同一位置。

要保存自定义工作区，请执行以下操作：

1. 按组打开并定位所需的面板，然后按所需方式停靠。关闭任何很少使用的面板。
2. 从选项栏上的"工作区"菜单中选择"新建工作区"选项。
3. 输入工作区的名称。在"捕捉"面板中，如果自定义了这些元素，请勾选"键盘快捷键""菜单"或"工具栏"复选框（图2.36）。
4. 单击"存储"按钮。工作区将显示在选项栏上的"工作区"菜单顶部和"窗口"→"工作区"子菜单上。

要编辑工作区，请执行以下操作：

1. 对工作区进行所需的更改。
2. 从选项栏上的"工作区"菜单中选择"新建工作区"选项。
3. 在"新建工作区"对话框中，为工作区重新输入相同的名称。

4. 单击"存储"按钮，然后单击"是"按钮。

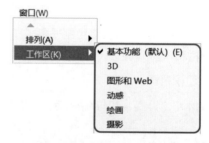

图 2.35 "窗口"→"工作区"菜单上的预定义工作区

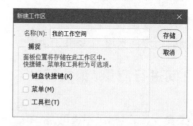

图 2.36 创建自定义工作区，包括键盘快捷键、菜单和工具栏的修改

要重置工作区，请执行以下操作：

执行以下操作之一：

- 从选项栏上的"工作区"菜单中选择"重置 [工作区名称]"选项，将工作区重置为原来的状态。
- 执行"编辑/Photoshop"→"首选项"→"工作区"命令，然后单击"恢复默认工作区"按钮重置所有非用户定义的工作区。

要删除工作区，请执行以下操作：

- 从"工作区"菜单中选择"删除工作区"选项，以删除已保存的工作区，但无法删除当前正在使用的工作区。在选择"删除工作区"选项之前，必须先选择一个不同的工作区。

3

数字图像要点

要了解Photoshop在"设计软件万神殿"中的地位，以及它为什么会这样做，了解它的工作框架很重要。

本章重点介绍编辑数字图像的要点：文档大小的含义、分辨率的重要性以及Photoshop颜色模式之间的区别。"信息"面板和"历史记录"面板将帮助您随时了解情况，并允许您自由地进行实验和撤销错误步骤。

本章内容

调整分辨率和图像大小	34
通道	37
颜色模式	38
信息面板	42
历史记录面板	43

调整分辨率和图像大小

图像分辨率以像素每英寸（ppi）为测量单位。为了获得最佳效果，图像应包含从目标输出设备获得高质量输出所需的最低分辨率。

因为高分辨率照片比低分辨率照片包含更多的像素，因此细节更精细，所以它们的文件更大，在屏幕上渲染需要更长的时间，编辑需要更多的处理时间，打印速度也更慢。

没有正确的决议，只有既不过高也不过低的适当决议。

"图像大小"对话框（执行"图像"→"图像大小"命令）显示图像大小和分辨率之间的关系（图3.1）。取消勾选"重新采样"复选框后，可以更改尺寸或分辨率。Photoshop会调整另一个值以保留总像素数。增加分辨率会降低宽度和高度，增加宽度和高度会降低分辨率。

图 3.1 "图像大小"对话框

勾选"重新采样"复选框后，将更改图像的像素尺寸。如果减少（向下采样）像素数，则会从图像中删除信息。如果向上采样，则会添加新的像素。重新采样，特别是向上采样，可能会导致图像质量下降。

宽度、高度和分辨率共同决定了图的文件大小。宽度和高度还决定了将图像放置到另一个应用程序（如InDesign或Illustrator）中的基本尺寸。为了获得最佳打印质量，请先更改尺寸或分辨率，而无须重新采样。然后，只有当现有的像素比需要的像素多时，才重新采样。

勾选"重新采样"复选框后，可以独立更改打印尺寸和分辨率（从而更改图像中的像素总数）（图3.2）。

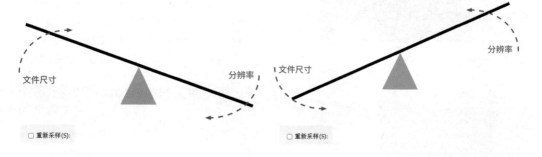

图 3.2 调整分辨率

插值方法

在"图像大小"对话框底部的菜单中，Photoshop 提供了七种插值方法，用于确定在重新采样图像时如何添加或删除像素（图3.3）。

因为每种方法都有其优缺点，Photoshop指出了它的"最佳用途"。例如，"邻近（硬边缘）"很适合调整图形和屏幕截图的大小，因为它们往往有硬边。对于照片来说，这不是一个好的选择，因为它们的边缘可能没有那么清晰。

"自动"选项根据Photoshop确定的图像内容选择最佳插值程序。

可以在常规首选项（按快捷键Ctrl/Command+K）中指定默认插值方法（图3.4）。

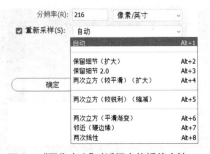

图 3.3 "图像大小"对话框中的插值方法

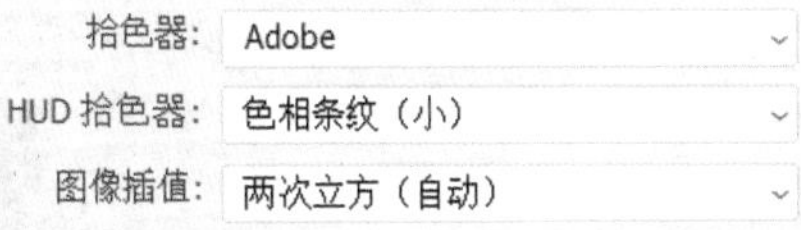

图 3.4 设置默认插值方法

 如果图像具有应用了样式的图层，如果要在调整大小的图像中缩放效果，请单击齿轮图标以选择"缩放样式"选项。

要在启用"重新采样"的情况下更改图像大小，请执行以下操作：

1. 执行"图像"→"图像大小"命令。

2. 勾选"重新采样"复选框并选择插值方法。

3. 若要约束比例，请确保链接图标（⑧）未断开。这样可以保持宽度和高度成比例。

4. 输入"宽度"和/或"高度"的值。（可选）选择"百分比"以输入当前标注的百分比值。新的文件大小显示在对话框的顶部，旧的文件大小在括号中。

检查当前图像大小

跟踪文件大小，以确保文件不会变大。可以在应用程序窗口左下角的状态栏中查看图像文件的大小，也可以单击并按住鼠标左键不放以查看图像的尺寸（图3.5）。

图 3.5 在状态栏上查看文档大小和尺寸

TIP 为了在向下采样生成更小的图像时获得最佳效果，请在之后应用智能锐化过滤器。

最佳打印分辨率

打印分辨率是以每英寸的墨水点为测量单位，也称为dpi。打印分辨率（dpi）不同于图像分辨率（ppi），但与之相关。最佳打印分辨率取决于打印文档的方式。对于台式喷墨打印机的输出，适当的分辨率在240~300 ppi。对于商业印刷，分辨率很可能是300 ppi，此时应该了解印刷店的打印分辨率是多少。

屏幕分辨率

屏幕分辨率以像素表示。如果屏幕分辨率和图像的像素尺寸相同，则图像将以100%填充屏幕。100%看起来有多大取决于图像的像素尺寸、屏幕大小和屏幕分辨率设置。

对于网络或屏幕图像，通常建议使用72 ppi。这在一定程度上是正确的，但真正重要的是图像的像素尺寸。那么，正确的像素尺寸是多少呢？

这取决于图像在屏幕上的呈现方式（图3.6）。如果为网站准备图像，则需要估计平均用户的浏览器窗口有多大，然后计算图像填充多少窗口。

TIP 有关浏览器显示大小的统计信息，请访问www.w3schools.com/browsers/browsers_display.asp。

图 3.6 在大型网络浏览器中查看三种尺寸的相同图像（1920 X 1080）

分辨率和图像尺寸

下面让我们看一些关键术语。

- 图像的像素数（像素尺寸）：通过高度值乘以宽度值来计算（如3000 像素✕2000像素=600万像素）。

- 图像的分辨率（像素密度）：以每英寸像素或ppi（如250 ppi）为测量单位。

- 重新采样：更改文件的像素尺寸的过程。向上采样增加像素；向下采样删除像素。

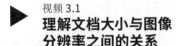
视频 3.1
理解文档大小与图像分辨率之间的关系

扫码看视频

通道

每个Photoshop图像都有一个或多个通道，用于存储图像中的颜色信息。通道的数量取决于颜色模式。彩色图像中的通道实际上是表示图像的每个颜色分量的灰度图像。例如，RGB图像具有用于红色、绿色和蓝色值的单独通道。

"通道"面板列出了图像中的所有通道（图3.7）。列表顶部是合成通道，它显示了图像在正常状态下的外观，所有通道都可见。您可以查看图像的任何频道组合。单击通道旁边的"可见性"图标（眼球）以显示或隐藏该通道。（单击合成通道以显示所有默认颜色通道。）

各通道以灰度显示，因为这样更容易编辑，但对于RGB、CMYK或Lab图像，可以选择以颜色查看各通道。我们建议快速查看这一点，因为它可以更容易地理解通道是如何工作的，然后返回灰度级查看通道。

图 3.7 RGB文档的"通道"面板和菜单

要以颜色显示颜色通道，请执行以下操作：

- 执行"编辑"→"首选项"→"界面"命令，然后勾选"用彩色显示通道"复选框（图3.8）。

图 3.8 查看彩色通道

TIP 要更改通道缩略图大小，请从"通道"面板菜单中选择"面板"选项。

要选择通道，请执行以下操作：

- 单击其名称。按住Shift键并单击以选择（或取消选择）多个通道。

要编辑所选通道，请执行以下操作：

1. 选择绘画或编辑工具。
2. 以白色绘制以添加选定通道的颜色。
3. 以黑色绘制以移除通道的颜色。
4. 以灰色绘制，以较低的强度添加通道的颜色。一次只能在一个通道上绘制。

颜色模式

图像的颜色模式根据颜色模型中通道的数量确定其颜色的组合方式。实际上，Photoshop有五种颜色模式。

RGB颜色模式

RGB是色彩模式之王。这是新图像的默认模式，也是数码相机保存照片的模式。这是唯一可以访问所有工具选项和过滤器的模式，以及导出到网络、移动设备、视频和在大多数喷墨打印机上打印的选择模式。更不用说，RGB的通道比CMYK模式少（因此您的计算机使用的内存更少），但能提供更广泛的颜色范围（色域）。

RGB为每个像素指定一个亮度值或级别。在8位图像中，对于彩色图像的RGB（红、绿、蓝）分量中的每一个，数值范围为0~255。当三种颜色的值相等时，结果为中性灰色。当这些值都是255时，结果是纯白色；当这些值都为0时，结果为纯黑色（图3.9）。

RGB颜色的确切范围会有所不同，具体取决于显示器和在"颜色设置"对话框中指定的工作区设置。

CMYK 颜色模式

CMYK是彩色打印中使用的颜色模式。每个像素都有一个处理墨水的百分比值：青色、品红色、黄色和黑色。最浅（高亮）颜色的墨水比例很小；较暗（阴影）的颜色具有较高的百分比。在CMYK图像中，纯白或无墨水是指四个成分的值都为0%（图3.10）。

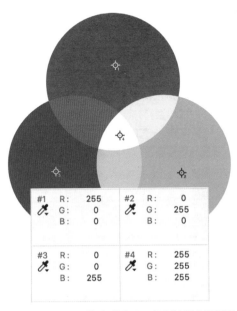

CMYK颜色的数值范围会有所不同,具体取决于印刷机和印刷条件,以及在"颜色设置"中指定的CMYK工作区。

灰度颜色模式

一个8位灰度图像最多有256个灰度等级。每个像素的亮度级别范围为0(黑色)~255(白色)。与CMYK值一样,灰度值以百分比的形式测量,特别是黑色墨水的百分比(0%等于白色,100%等于黑色)。

位图颜色模式

在位图模式下,像素为100%黑色或100%白色,没有可用的图层、过滤器或调整命令。要将文件转换为此模式,必须首先将其转换为灰度模式(图3.11)。

图 3.9 RGB颜色模型,带有显示级别的颜色采样器

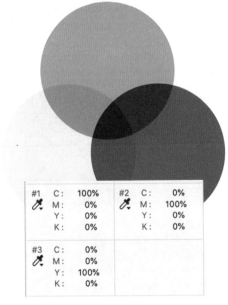

图 3.10 带有显示墨水百分比的颜色采样器的CMYK颜色模型

图 3.11 所有像素都是黑色或白色的位图图像

索引颜色模式

索引颜色模式可生成最多256种颜色的图像。处于索引颜色模式的文件只包含一个通道，并且没有层。将图像转换为索引颜色时，Photoshop会创建一个颜色查找表（CLUT），用于存储和索引图像的颜色。如果图像中的颜色不在表中，Photoshop会选择最接近的颜色，或者使用抖动模式的颜色模拟该颜色。有限编辑在索引模式下可用。如果需要编辑索引的彩色图像，请将其临时转换为RGB模式（图3.12）。

TIP 使用RGB颜色模式，可以预览从特定设备输出图像时的外观。要打开此CMYK预览，请执行"视图"→"校样设置"→"工作中的CMYK"命令，然后执行"视图→校样颜色"命令（图3.13）。

图 3.12 索引的彩色图像及其颜色表。注意天空中令人分心的抖动模式

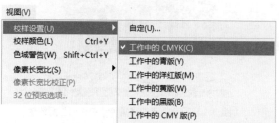

图 3.13 指定如何使用校样设置预览输出

颜色模式之间的转换

平面艺术和设计的世界通常是一个和平的地方，居住着通情达理的人，他们支持并乐于分享信息。冲突是罕见的，通常每个人都能相处。除了涉及颜色模式之间的转换，或者谈到最频繁的模式转换时，如RGB到CMYK。

将RGB图像转换为CMYK可以创建颜色分离，以制作用于商业彩色打印的底片和印版。四色处理需要四种分离：青色、品红色、黄色和黑色（CMYK）。

在一个层面上，从RGB模式转换为CMYK模式非常简单：

1. 执行"图像"→"模式"→"CMYK颜色"命令，或者执行"编辑"→"转换为配置文件"命令以获得更多控制。

2. 一个警告对话框将告诉您正在转换为特定的CMYK工作配置文件：单击"确定"按钮确认这是您想要的，您就有了CMYK图像（图3.14）。

图 3.14 转换为CMYK后，图像有四个通道，可以在打印时进行分离

从RGB转换为CMYK是不可逆的，会导致信息丢失，并可能导致明显的颜色偏移。如果图像以RGB开始，最好以RGB进行编辑，然后在工作流程结束时或接近结束时转换为CMYK。如果您使用的是颜色管理的工作流，将放置Photoshop图像的InDesign或Illustrator文档导出为PDF时，这种转换可以在Photoshop之外进行。您还可以预览或软校对图像，以查看在特定输出设备上再现时的外观。

· 执行"视图"→"校样设置"→"工作CMYK"。

· 执行"视图"→"校样颜色"命令以打开CMYK预览（有关详细信息，请参阅第19章）。

有些模式转换是必要的，而且是良性的，例如为了编辑的灵活性，在索引颜色到RGB之间移动，或者从RGB或CMYK到Lab再移动。但一般来说，要避免在颜色模式之间进行多次转换。如果要在屏幕上查看RGB图像，请不要将其转换为CMYK。如果在Photoshop中转换为CMYK，请明确针对作业的特定打印条件应使用哪种特定的CMYK配置文件。

信息面板

"信息"面板显示了大量有用的信息, 如光标的颜色值和其他详细信息 (图3.15)。

- 颜色是否超出可打印的CMYK色域 (CMYK值旁边会出现一个感叹号)。

- 光标的X和Y坐标。

- 使用字幕工具时字幕的宽度 (W) 和高度 (H)。

- 使用"裁剪"工具时裁剪字幕的旋转角度。

- 使用"直线""画笔"或"渐变色"工具拖动时, 或移动选择时, 原始的X和Y坐标、X (DX) 的变化、Y (DY) 的变化、角度 (A) 和直线的长度 (D)。

- 使用"自由变换"工具时, 缩放的宽度 (W) 和高度 (H) 百分比、旋转角度 (A) 以及水平倾斜角度 (H) 或垂直倾斜角度 (V)。

- 进行颜色调整时 (例如, 使用"级别"时) 光标下方和任何颜色采样器下方像素的前后颜色值。

- 勾选"显示工具提示"复选框时使用选定工具的提示。

- 各种状态信息, 具体取决于选择的选项。

"第一颜色信息"和"第二颜色信息"都允许选择颜色模式, 例如, 显示RGB图像转换为CMYK图像时的颜色值。

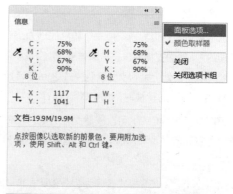

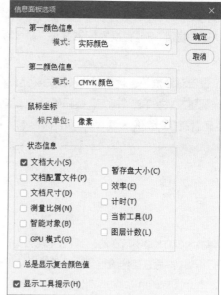

图 3.15 通过"信息"面板提供的选项

历史记录面板

如果您能在Photoshop中永远不犯任何错误，您可以跳过这一部分。但对于普通人来说，这是必不可少的。

"历史记录"面板保留对打开的文档进行状态或编辑的运行列表，从列表顶部文档的"打开"（未编辑）状态到底部的最新状态。在当前工作会话中，您可以选择性地将文档恢复到以前的状态之一（图3.16）。

图 3.16 "历史记录"面板，其中包含起始快照和位于面板顶部的命名快照。此为历史状态

要将文档恢复到早期状态，请执行以下操作：

- 单击任一早期状态可将文档恢复到该状态。执行此操作时，最近的状态可能会变暗且不可用，这取决于面板是处于线性模式还是非线性模式（图3.17）。

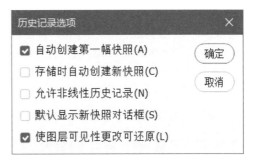

图 3.17 选择是否使用非线性模式

在线性模式下，可以通过一次干净的中断将文档恢复到以前的状态。如果从早期状态开始编辑，则所有后续（变暗）状态都将丢失。

非线性模式更灵活，但可能会令人困惑。在非线性模式下，如果选择或删除先前的状态，则会保留后续状态。您的下一次编辑将成为面板上的最新状态，包括图像的早期阶段和您的最新编辑。介于两者之间的状态将被保留，如果您改变主意，可以单击一个中间状态，从那时起继续编辑。

每个打开的文档都有自己的状态列表。因为记录多个历史状态可能需要大量内存，所以您可能需要管理保存的历史状态的数量。

要管理历史状态，请执行以下操作：

1. 执行"编辑/Photoshop"→"首选项"→"性能"命令。

2. 在"历史记录和高速缓存"下，选择"历史记录状态"值（默认值为50）。如果您用完了状态，则会删除最旧的状态，为新的状态腾出空间。

TIP 要后退一个历史状态，请按快捷键Ctrl/Command+Z。要前进一个状态，请按快捷键Ctrl+Shift+Z/Command+Shift+Z。要切换到最后一个状态（比较前后），请按快捷键Ctrl+Alt+Z/Command+Option+Z。

不能更改历史状态的顺序，但可以删除它们。

要删除历史状态，请执行以下操作：

执行以下操作之一：

- 右击状态，从弹出的快捷键菜单中选择"删除"选项，然后在警告对话框中单击"是"按钮。该状态和所有后续状态都将被删除。

- 将状态拖动到"删除当前状态"按钮以绕过警告对话框。

- 单击某个状态，然后根据需要多次单击"删除当前状态"按钮，以在不发出警告的情况下按相反顺序删除以前的状态。

从"历史记录"面板中清除状态时，最新的状态将保留为唯一剩余状态。将保留所有快照。

要清空"历史记录"面板，请执行以下操作：

执行以下操作之一：

- 执行"编辑"→"清理"→"历史记录"命令，从"历史记录"面板中清除当前打开的所有文档的所有状态，以释放内存。

- 右击任何状态，然后在弹出的快捷键菜单中选择"清除历史记录"选项，只清除当前文档的"历史记录"面板中的所有状态。此命令不会释放内存，但可以撤销。

裁剪和拉直图像

一个合适的裁剪通常是您能做的改善形象的最重要和最简单的事情之一。图像的边缘构成了它的框架，框架的选择可以加强您认为重要的东西。拍摄图像时可以在相机中裁剪，但即使做了预先考虑，当您在屏幕上看到图像时，也可能会改变主意。您可能需要裁剪以删除分散注意力的元素，强调重要的内容，或者根据特定页面或屏幕大小和形状重新调整图像的用途。

裁剪工具提供实时反馈，帮助您可视化裁剪的结果。您可以进行永久性更改以删除裁剪的像素，也可以进行非破坏性更改以保留裁剪的像素（以防需要恢复到这些像素）。还可以拉直弯曲的图像，并可以选择使用"内容识别填充"填充任何间隙，该填充对相邻区域的像素进行采样。相关的"透视裁剪"工具可用于修复透视扭曲。

本章内容

裁剪照片 46

使用"内容识别填充"进行裁剪 48

拉直图像 50

透视裁剪 52

旋转或翻转整个图像 53

更改画布大小 54

擦除图像的部分区域 55

裁剪照片

裁剪是最基本的图像操作类型之一，也是最具影响力的图像操作之一。它可以去除边框边缘不需要的物体或干扰因素，改变图像的纵横比，并改善其整体构图。

1. 从工具栏中选择"裁剪"工具(C) ( ），裁剪手柄显示在照片的边缘。

2. 绘制裁剪区域或拖动角和边手柄来定义照片的裁剪边界（图4.1）。

3. （可选）在选项栏上，选择比例或物理尺寸。您可以在"宽度"和"高度"字段中输入值，选择一个预设值，或定义自己的预设值以供以后使用（图4.2）。

4. （可选）选择在裁剪时显示叠加辅助线，如"三等分""网格"和"黄金比例"。要循环浏览所有选项，请按O键（图4.3和4.4）。

5. 单击选项栏上的齿轮菜单，根据需要指定其他裁剪选项（请参阅侧栏"其他裁剪选项"）。

6. 按Enter/Return键或单击选项栏上的复选标记以裁剪照片（图4.5）。

TIP 在创作照片时，一定要在拍摄对象周围提供足够的"呼吸空间"。拿走多余的东西总是比添加没有的东西更容易。

TIP 如果有灵活的选择，也可以执行"裁剪"命令裁剪图像。使用"选择"工具选择要保留的图像部分，然后执行"图像"→"裁剪"命令。

图 4.1 正在进行的裁剪，显示三等分网格

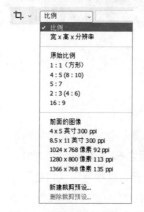

图 4.2 裁剪选项：比例和大小预设

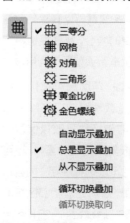

图 4.3 叠加选项

图 4.4 使用"裁剪叠加"来帮助合成最终图像。虽然"三等分"不会出错，但不同类型的图像适用于不同的叠加。按O键可循环浏览叠加效果

图 4.5 使用选项栏可以"重置""取消"或"提交"裁剪

使用"内容识别填充"进行裁剪

裁剪意味着缩小图像,但也可以"裁剪"以扩展图像。使用"内容识别填充"技术,Photoshop将智能地填充新的区域。然而,这仅适用于单层图像。

1. 在选项栏上,选择"内容识别填充"选项。默认的"裁剪"矩形将展开以框住整个图像。

2. 拉直或旋转图像,或将画布扩展到其原始大小之外(图4.6)。

3. 按Enter/Return键,或单击选项栏中的复选标记以提交裁剪。

图 4.6 使用"内容识别填充"在图像顶部添加更多天空

其他裁剪选项

除了覆盖和裁剪尺寸之外,还可以使用选项栏的齿轮菜单中的一些选项自定义裁剪(图4.7)。

☐ 使用经典模式	P
☑ 显示裁剪区域	H
☑ 自动居中预览	
☑ 启用裁剪屏蔽	

颜色: 匹配画布 ▼

不透明度: 75% ▼

☑ 自动调整不透明度

图 4.7 其他裁剪选项

使用经典模式: 使"裁剪"工具的行为方式与以前版本的Photoshop相同。

自动居中预览: 将预览保持在画布的中心。

显示裁剪区域: 显示裁剪的区域。如果禁用此选项,则仅预览最终区域。

启用裁剪屏蔽: 用色调覆盖裁剪区域。可以指定"颜色"和"不透明度"。

删除裁剪的像素: 意味着裁剪的像素将被永久删除,只有当其"撤销"状态仍然可用时才能恢复。对于隐藏但不删除裁剪边界外的像素的非破坏性裁剪,禁用此选项。切换到"移动"工具并拖动以在裁剪区域内移动图像。或者,要查看隐藏的像素,请执行"图像"→"全部显示"命令。

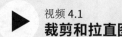

视频 4.1
裁剪和拉直图像

扫码看视频

纵横比

纵横比是图像的宽度和高度之间的关系。它表示为用冒号分隔的两个数字，例如3：2。第一个数字表示图像的水平侧，第二个数字表示垂直侧。例如，3：2表示水平图像，而2：3表示垂直图像。纵横比有时也表示为十进制数，例如1.50（长边除以短边）。纵横比并不代表图像的物理大小，也不代表图像的像素尺寸。例如，3：2的纵横比可以转换为3英寸宽2英寸高的图像，或者18英寸宽12英寸高的图片。

常见的纵横比如下。

1：1 (1.00): Instagram最初要求每张照片都是正方形的，因此1：1很受欢迎。它现在可以适应不同的纵横比，但方形图像占主导地位。

5：4 (1.25): 这种纵横比在打印8×10英寸和16×20英寸图像时很常见。

3：2 (1.50): 大多数单反、无反光镜和傻瓜相机都有3:2的传感器，无论传感器大小如何。3：2的纵横比是由35mm胶片普及的，是摄影中最常见的纵横比。

4：3 (1.33): 中型、三分之四微型、大多数智能手机和一些傻瓜相机都有4：3传感器。

16：9 (1.78): 最常见的视频格式。使用这个纵横比可以使图像有一种电影般的感觉。

3：1 (3.0): 这是全景图常用的纵横比。

正确的纵横比最终取决于个人品位（图4.8）。遇到一些不容易符合标准纵横比的图像时，可以以自由形式裁剪。然而，在可能的情况下，坚持标准的纵横比可以更容易地为图像找到标准尺寸的框架，也可以将图像合并到页面布局中。

图 4.8 用彩色引导线指示的四个常见纵横比和由此产生的裁剪图像都以相同的比例显示

拉直图像

有些情况下，当我们拍摄时，我们认为是直的照片在屏幕上看起来有点弯曲，无论这是由于用户错误还是我们镜片的光学性能。不过它很容易修复，并且可以真正改善图像。在裁剪时拉直照片，Photoshop会自动调整画布的大小，以适应旋转的像素。

要在裁剪时拉直图像，请执行以下操作：

1. 选择"裁剪"工具 (C)。裁剪手柄显示在照片的边缘。

2. 从其中一个角控制柄开始拖动。将光标悬停在裁剪边界之外，直到光标变为弯曲的双端箭头。

3. 将光标移动到图像外部，然后拖动以旋转图像。裁剪框中会显示一个网格，旋转其后面的图像时，可以使用该网格作为参考 (图4.9)。

4. 按Enter/Return键或单击选项栏上的复选标记以确认裁剪。

要使用"拉直"工具拉直图像，请执行以下操作：

1. 选择"裁剪"工具。

2. 单击选项栏上的"拉直"工具。

3. 使用"拉直"工具沿地平线或边缘绘制一条参考线，以将图像沿其拉直 (图4.10)。

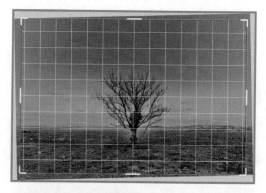

图 4.9 使用网格进行裁剪和拉直

图 4.10 使用"拉直"工具沿地平线绘制一条线

要使用标尺工具拉直图像，请执行以下操作：

1. 选择"标尺"工具 (图4.11)。（如有必要，单击并按住"吸管"工具以显示标尺。）

2. 在图像中，在应该是水平或垂直的元素上拖动。

3. 在选项栏上选择"拉直图层"选项。Photoshop 将图像拉直。

4. 使用"裁剪"工具或"内容识别填充"可以消除边缘上的任何透明区域。

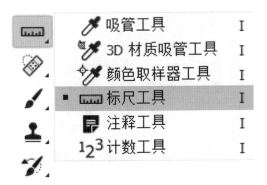

图 4.11 标尺工具

裁剪并拉直扫描的照片

可以将多张照片放在扫描仪上，一次扫描即可创建一个图像文件。然后，裁剪和拉直照片功能将从多重图像扫描中创建单独的文件。

TIP 为了获得最佳效果，在照片后面有一个纯白背景，这样Photoshop就可以更容易地隔离每张照片。使用具有清晰定义的边缘的图像，并在图像之间留出大约1/8英寸（3毫米）的间距。

要裁剪和拉直扫描的照片，请执行以下操作：

1. 打开要分离的图像的扫描文件。

2. 执行"文件"→"自动"→"裁剪并拉直照片"命令。每个图像都会在自己的窗口中打开（图4.12）。

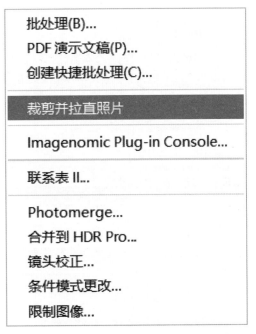

图 4.12 要进行快速地批量扫描和裁剪，请执行"文件"→"自动"→"裁剪并拉直照片"命令。

透视裁剪

使用"透视裁剪"工具可以通过关键帧调整（从下方拍摄建筑时可能发生的失真）或广角镜头可能发生的其他失真来修复图像。这个工具也非常适合校正摄影作品的边缘。（第15章讨论了一个相关的工具"透视扭曲"。）

选择"透视裁剪"工具。

1. 在失真的图像周围画一个字幕。

2. 释放字幕时，Photoshop会将其转换为带有控制柄的边界框。拖动控制柄，使边缘与要校正的对象相匹配（图4.13）。

3. 按Enter/Return键。

使用修剪命令进行裁剪

Photoshop中有多种方法可以做事情，裁剪也不例外。"修剪"命令提供了另一个选项。它会修剪周围的透明像素或指定颜色的背景像素。

执行"图像"→"裁切"命令，然后在"裁切"对话框中选择一个选项（图4.14）。

- **透明像素**: 修剪掉图像边缘的透明度。

- **左上角像素颜色**: 删除由左上角像素的颜色定义的区域。

- **右下角像素颜色**: 删除由右下角像素的颜色定义的区域。

- **顶、底、左或右**: 移除图像的一个或多个区域以进行修剪。

TIP 如果修剪掉透明像素仍然在图像周围留下透明空间，那是因为像素不是完全透明的，这在阴影中很常见。

图 4.13 使用"透视裁剪"工具进行裁剪

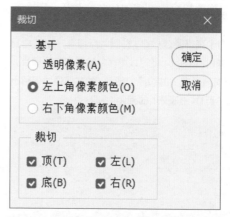

图 4.14 "修剪"命令用于修剪掉透明像素的边界

旋转或翻转整个图像

"图像旋转"命令用于旋转或翻转整个图像（图4.15）。执行"编辑"→"变换"子菜单上的等效命令仅变换选定的层（请参见第15章）。

要旋转图像，请从子菜单中执行"图像"→"图像旋转"命令和以下命令之一：

- **180度:** 将图像旋转半圈。

- **顺时针90度:** 将图像顺时针旋转四分之一圈。

- **逆时针90度:** 将图像逆时针旋转四分之一圈。

- **任意角度:** 按指定的角度旋转图像。

- **水平翻转画布或垂直翻转画布:** 沿着相应的轴翻转图像。

TIP 旋转图像和旋转图像视图之间的区别，在于"图像旋转"修改文件信息，而"旋转视图"则以非破坏性的方式旋转图像以进行查看。

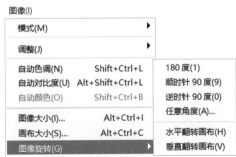

图 4.15 水平翻转画布的结果

更改画布大小

画布是图像的可编辑区域。可以执行"画布大小"命令使其变大或变小。画布大小不同于图像大小，它可以大于或小于图像本身。增加画布会增加图像周围的空间。如果图像具有透明背景，则添加的画布将是透明的。如果没有，则添加的画布为纯色。减小图像的画布大小会裁剪到图像中，这是另一种裁剪方式。如果图层是普通图层（与背景图层相反），则可以使用"移动"工具调整画布中图像的裁剪区域。

要更改画布大小，请执行以下操作：

1. 执行"图像"→"画布大小"命令。

2. 在打开的"画布大小"对话框中执行以下操作之一（图4.16）。

   ▸ 在"宽度"和"高度"字段中输入画布尺寸。除了以英寸、厘米或像素为单位输入尺寸外，还可以将其表示为当前画布大小的百分比。

   ▸ 选择"相对"选项，然后输入要从当前画布大小中添加或减去的量。

3. 单击一个正方形将图像锚定到新画布上。尺寸变化将发生在与所选正方形相对的一侧，如果选择了中心正方形，则发生在与中心相对的一侧。

4. 从"画布扩展颜色"菜单中选择一个选项。如果该层已解锁，则画布扩展将是透明的。

您也可以使用"裁剪"工具来调整图像画布的大小。

要使用"裁剪"工具调整画布大小，请执行以下操作：

1. 向外拖动裁剪控制柄以放大画布。按住Alt/Option键可从各个方向放大。

2. 按Enter/Return键进行确认。

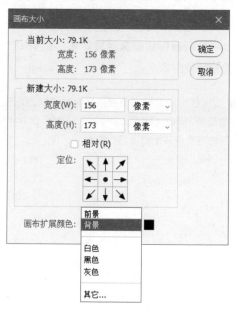

图4.16 "画布大小"对话框和"画布扩展颜色"选项。注意，"画布扩展颜色"选项仅适用于具有背景层的图像

擦除图像的部分区域

除了在帧的边缘裁剪出图像中不需要的部分，还可以删除保留区域内的图像部分。Photoshop有几个共享相同工具空间的擦除工具：橡皮擦、背景橡皮擦和魔术橡皮擦。

如果在背景或锁定层上，橡皮擦会擦除到背景颜色；否则，像素被擦除为透明。在"历史记录"面板上还有一个选项可以擦除到某个状态。

要抹到历史记录，请执行以下操作：

1. 对图像进行更改。在本例中执行"图像"→"调整"→"黑白"命令。

2. 按快捷键Ctrl/Command+Z撤销更改。

3. 选择"橡皮擦"工具（E）（ ），然后在选项栏上选择"抹到历史记录"选项。

4. 在"历史记录"面板上，单击灰色历史记录状态（黑色和白色）的左列（图4.17），以便"历史橡皮擦"图标显示在该列中。

图 4.17 选择要抹到的历史记录，然后在图像上绘制

5. 在图像上绘制以将区域恢复到指定的历史状态。根据需要调整橡皮擦的设置（图4.18和图4.19）。

图 4.18 选项栏上的橡皮擦设置

图 4.19 抹到历史记录。尽管这可能很有趣，但有更简单的方法参见第7章

使用背景橡皮擦擦除

背景橡皮擦在拖动时擦除与透明度相似的像素，覆盖任何锁定透明度设置。它对笔刷中心或热点的颜色进行采样，并删除该颜色。

选择背景橡皮擦(✒) (E)

· （可选）在图像层下方添加"颜色填充"层。

· 调整笔刷的大小和设置。

· 选择一个采样选项。如果背景颜色相同，请选择"取样一次"选项（图4.20）。

· 选择采样限制：使用"不连续"可以在头发或树枝之间进行绘制（图4.21）。

· 选择一个容差设置：数值越大，删除的颜色越多。

图 4.20 选择取样选项

图 4.21 设置取样限值

1. 在边缘周围绘制以删除背景色，从而显示透明度或下面的颜色填充层。随动改变笔刷大小（图4.22）。

2. 切换到常规橡皮擦以清除边缘以外的任何区域（图4.23）。

使用魔术橡皮擦擦除

魔术橡皮擦将类似的像素更改为透明。如果透明度被锁定，则像素将变为背景色。如果正在处理背景层，它将转换为普通层，并且所有类似的像素都将变为透明。

背景橡皮擦和魔术橡皮擦是较旧的工具，使用"选择"和"遮罩"工作区可以获得更好、更快和无损的结果。（参见第6~8章和第16章中关于图层、图层遮罩和修饰的内容。）

图 4.22 围绕主题的边缘绘制。根据需要改变笔刷大小（按[键用于较小的笔刷，或按]键用于较大的笔刷）、取样限制和容差

图 4.23 切换到常规橡皮擦工具以擦除远离边缘的区域

5

选择

因为我们在照片店做的很多事情都是从选择开始的，所以使用选择工具是Photoshop的基本技能。选择会隔离图像的一个或多个部分以进行操作，同时保持未选择的区域不变。做出选择是达到目的的一种手段，而不是目的本身。一旦作出了选择，它就有可能改变图像。

有几种方法可以使用工具和菜单进行选择。每种选择方法都有其优缺点。没有一个能在任何情况下都起作用。关键是要知道何时选择一种工具或工具组合而不是另一种。

本章内容

选框工具	58
套索工具	60
自动选择工具	61
取消选择和重新选择	65
使用选定内容	66
修改所选内容	70
增加选择内容	72

选框工具

使用选框工具可以选择矩形和椭圆形，也可以选择1像素宽的行和列。

要进行矩形或椭圆形选择，请执行以下操作：

1. 单击要作为目标的图层。

2. 单击并按住当前选框工具（M）（图5.1），然后选择"矩形选框"工具进行矩形选择，或选择"椭圆选框"工具来进行椭圆选择。

3. （可选）在选项栏上，调整"羽化"和"消除锯齿"设置（请参见第3章）。

4. 对于"样式"设置，选择"正常"选项（图5.2）。通过拖动来控制字幕的大小和比例。

5. 在要选择的区域上沿对角线拖动。对于正方形或圆形，在拖动时按住Shift键（图5.3）。

TIP 按住Alt/Option键可从中心绘制矩形或椭圆形选择。

TIP 要获得比拖动更高的精度，请将"样式"设置为"固定比例"，并指定高宽固定比例或"固定大小"，然后指定字幕的高度和宽度。然后，单击并拖动到要选择的画布区域。

TIP 使用"固定比例"或"固定大小"时，单击箭头图标（⇄）以交换宽度和高度值。

视频 5.1
使用选框
扫码看视频

图 5.1 选框工具

图 5.2 "椭圆选框"工具的选项

图 5.3 使用"椭圆选框"工具（按住Alt/Option键从中心绘制）选择圆形或椭圆形主题

全选

用户可以进行的最大的选择是选择画布边界内的层的所有像素。

要全部选择，请执行以下操作。

1. 以"图层"面板中的图层为目标。

2. 选择"选择"→"全部"命令（按快捷键Ctrl/Command+A），图像边界将出现"行进的蚂蚁线"。

要选择单行或单列像素，请执行以下操作：

单行或单列选框工具的实际用途很少，在实际工作中可能从未使用过它们，但这里有一个有趣的案例研究，可以产生令人愉悦的抽象图像。

1. 单击要作为目标的图层。

2. 选择"单行选框"工具或"单列选框"工具。

3. 单击画布上的任意位置进行选择。

4. 将所选内容复制到新图层（按快捷键Ctrl/Command+J）。

5. 执行"编辑"→"自由变换"命令，并在整个画布上拉伸像素（图5.4）。

消除锯齿

因为像素是正方形的，所以需要抗锯齿来平滑原本会锯齿状的选择边。它通过软化边缘像素和背景像素之间的颜色过渡来实现这一点。

抗锯齿可用于套索、多边形套索、磁性套索、椭圆框和魔棒工具。

在使用这些工具之前，必须指定"消除锯齿"选项。进行选择后，不能添加消除锯齿。

图 5.4 在这个例子中，选择一列像素（从图像的中心），然后进行变换以创建抽象图像

套索工具

套索工具有三种类型：常规、多边形和磁性（图5.5）。

◯ 套索工具	L	
▽ 多边形套索工具	L	
▷ 磁性套索工具	L	

图 5.5
套索工具

使用"套索工具"进行松散的选择，或细化使用其他工具（如魔棒或快速选择工具）进行的选择。使用"多边形套索工具"可以选择一个直边主体。使用压敏平板计算机，可以使用"套索工具"进行精确的自由形式选择；使用鼠标或触控板时，最好将工具限制为进行松散的选择或清理粗略的选择（图5.6）。

使用"磁性套索工具"可以捕捉到选择边缘。我们极少使用它，因为使用其他选择工具可以更容易地完成它所做的一切。

要进行自由形式的选择，请执行以下操作：

1. 选择要在其上进行选择的图层。
2. 选择"套索工具"（按快捷键L或Shift+L）。
3. （可选）在选项栏上设置"羽化"和"消除锯齿"的值。
4. 在图层上的某个区域周围拖动。释放鼠标左键时，选择的开放端会自动连接。
5. （可选）若要添加到选择中，请按住Shift键并在要添加的区域周围拖动。
6. （可选）若要从选择中减去，请按住Alt/Option键在要删除的区域周围拖动。

视频 5.2
使用套索选择
扫码看视频

图 5.6 使用"套索工具"进行粗略选择，例如围绕乌云的自由形式套索选择，为使用"内容识别填充"移除它们做准备（请参见第13章）

要进行直边选择，请执行以下操作：

1. 选择"多边形套索工具"（按快捷键L或Shift+L）。
2. 单击以创建直边线段。
3. 要关闭选择时，将光标放在起点上，当光标旁边出现一个闭合的圆圈时单击（图5.7）。或者释放鼠标左键。

图 5.7 "多边形套索工具"是选择直边主体的好选择

TIP 按住Alt/Option键在"套索工具"和"多边形套索工具"之间切换。

TIP 若要将选择约束为45°的倍数，请在单击时按住Shift键。

TIP 要在使用"多边形套索工具"时删除最后一段，请按Backspace/Delete键。

自动选择工具

自动选择工具包括魔棒、快速选择和对象选择，它们共享相同的工具区和快捷键（W键）。在进行手动选择之前，值得先试用这些工具。即使它们没有做出完美的选择，它们通常也会给您一个起点。

魔棒工具

魔棒工具从一开始就是Photoshop的一部分，从那时起，它就负责选择超过一百万个像素的区域。使用魔术棒工具，可以单击图像的某个区域，以选择相同（或相似）色调或颜色的所有相邻像素。

这是直观的，当它工作时确实感觉像魔术。问题是，它并不总是有效的。如果不起作用，请尝试使用其他工具。可能有更简单、更快的方法可以产生更高质量的选择。

要使用魔棒工具进行选择：

1. 选择魔棒工具（按快捷键W或Shift+W）。

2. 在选项栏中设置"取样大小"（魔棒应评估的像素数）。为了避免对错误的、非代表性的像素颜色进行采样，不是使用"采样点"，请选择"3×3平均"或"5×5平均"选项（图5.8）。

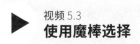
视频 5.3
使用魔棒选择

扫码看视频

取样大小：	取样点	⌄

取样点
3 x 3 平均
5 x 5 平均
11 x 11 平均
31 x 31 平均
51 x 51 平均
101 x 101 平均

图 5.8 取样大小选项

3. 在"选项"栏上设置"容差"，"容差"决定了要选择其他像素需要在色调或颜色上有多相似。数字越大，选择越多；默认值为32（图5.9）。

图 5.9 设置"容差"为32（左）和64（右）单击罂粟花的结果

4. 在"选项"栏上启用"消除锯齿"选项，这样可以创建边缘更平滑的选择，而且几乎总是一个好主意。

5. （可选）启用选项栏上的"连续"选项，魔棒仅选择具有相同亮度的相邻像素。如果未选中，则会选择图像中具有相同亮度值的所有像素（图5.10）。

图 5.10 在未选择"连续"的情况下使用魔棒，会选择图像中的所有相似颜色

6. 单击图像的代表区域，使用魔棒进行选择。

TIP 要在所有可见层上选择相似的颜色，请启用选项栏上的"对所有图层取样"选项。若要仅在当前图层上选择颜色，请确保此选项处于禁用状态。

快速选择工具

使用"快速选择"工具，可以使用可调整的椭圆笔刷"绘制"选择。拖动时，选择会向外展开，自动在图像中找到已定义的边。

要使用"快速选择"工具进行选择，请执行以下操作：

1. 选择"快速选择"工具（按快捷键 W 或 Shift+W）。

2. 在选项栏上，选择"新选区"进行初始选择，选择"添加到选区"选项添加到现有选择，或选择"从选区减去"选项从现有选择中删除区域。

视频 5.4
快速选择

扫码看视频

3. （可选）要更改"快速选择"工具的笔刷选项，请单击选项栏上的"画笔选项"图标（图5.11）。

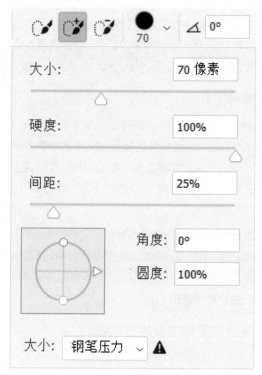

大小:	70 像素
硬度:	100%
间距:	25%
角度:	0°
圆度:	100%

大小: 钢笔压力

图 5.11 "快速选择"工具的"画笔选项"图标

4. 单击"增强边缘"图标以创建更平滑的选择边缘（图5.12）。我们没有不使用此选项的理由。

图 5.12 "快速选择"工具的"增强边缘"图标

5. 拖动到要选择的图像部分（图5.13）。

图 5.13 "快速选择"工具可以很容易地进行这种选择，因为边在背景中定义得很好

TIP 要从选择中减去，请按住Alt/Option键切换到"减去"模式，然后在现有选择上拖动。

TIP 加法和减法模式都有助于"教导"快速选择工具在查找边时要注意什么。在某些情况下，边缘检测不仅可以在"添加"模式下在主体内拖动，还可以在"减去"模式下通过在主体外拖动来改进。

TIP 要快速更改笔刷大小或硬度，请按]键以增大笔刷大小，按[键以减小笔刷大小。按快捷键Shift+]可增大硬度，或按快捷键Shift+[减小硬度。

TIP 若要考虑所有图层上的像素，而不仅仅是当前选定的图层，请在绘制选择之前启用"对所有图层取样"选项。

对象选择工具

对象选择工具是最新的自动选择工具，可以更容易地选择图像中的一个或多个对象，并且是创建起点以进行更准确选择的有效方法。

要使用"对象选择"工具中的 "对象查找器" 进行选择，请执行以下操作：

1. 启用"选项"栏上的"对象查找程序"选项；"对象选择"工具会自动在图像中查找对象（图5.14）。

☑ 对象查找程序

图 5.14 启用"对象查找程序"可以自动识别图像中的对象

2. 将光标悬停在某个对象上，高亮显示该对象。颜色覆盖（默认为蓝色）将指示找到的对象（图5.15）。

图 5.15 使用人工智能对象查找程序可以检测图像中的对象。当光标悬停在向日葵上时，它会显示一个颜色覆盖

3. 单击对象可立即将其选中。

TIP 若要添加到选择中，请按住Shift键并单击另一个对象。

TIP 要减去当前选定的对象，请按住Alt/Option键并单击该对象。

尽管对象查找程序很好用，但有时它并不知道您到底想要什么。

例如，使用相同的图像，只选择向日葵的中心，但我们需要更具体。

您可以在矩形或套索模式下自己进行选择。拖动以绘制矩形或自由形式区域，以选择定义区域内的对象。一旦做出选择，当您在选定区域内移动时，会出现颜色覆盖。

要在不使用对象查找程序的情况下使用"对象选择"工具进行选择，请执行以下操作：

1. 选择"对象选择"工具。

2. 选择模式（矩形或套索）。

3. 要获得更锋利的边，请选择"硬化边缘"选项。

4. 要在选择中包括所有层的像素，请选择"对所有图层采样"选项。

5. 在要选择的对象上绘制一个字幕（图5.16）。

如果需要细化第一个选择，可以切换模式（在矩形和套索之间），并在"添加到选区""从选区减去"或"与选区交叉"模式中使用"对象选择"工具。

图 5.16 在矩形模式下使用"对象选择"工具，将选择拖到花朵的中心。"对象选择"工具在选择区域内查找对象

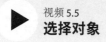

视频 5.5
选择对象

扫码看视频

刷新图标

选择"对象选择"工具时，"对象查找程序"选项旁边的"刷新"图标(↻) 会旋转。这表明Photoshop正在分析图像以寻找对象，等它停止旋转以获得最佳结果。

只要您做出更改，对象查找程序就会自动刷新并重新分析图像。但是，您也可以通过单击"刷新"图标手动刷新它。

取消选择和重新选择

上升的必须下降，被选中的也必须取消选中。如果您计划再次使用所选内容，您可以保存它，这样您就不需要重复步骤，详细内容将在第8章中讨论。

要取消选择，请执行以下操作：

执行以下操作之一：

- 执行"选择"→"取消选择"命令（按快捷键Ctrl/Command+D）。
- 右击并在弹出的快捷菜单中选择"取消选择"选项。
- 或者，如果使用"矩形选框"工具"椭圆选框"工具或"套索工具"，请单击图像中选定区域之外的任何位置。

TIP Photoshop没有按照您期望的方式运行的首要原因是您有一个被遗忘或隐藏的选择，即使是一个很小的选择。这甚至会让高级用户感到困惑。作为故障排除的第一步，请执行"选择"→"取消选择"命令（按快捷键Ctrl/Command+D），看看是否可以解决问题。

Photoshop提供的不仅仅是一个简单的撤销操作，它会记住您操作的最后一个选择，即使您对图像做了其他事情，它也可以回忆起这个选择。

要重新选择最近的选择：

执行以下操作之一：

- 执行"选择"→"重新选择"命令（按快捷键Ctrl+Shift+D/Command+Shift+D）。
- 单击"历史记录"面板中的选择步骤。

选择主体

当您单击图像层并选择了"自动选择"工具时，可以在选项栏和选择菜单上使用选择主体，它使用Adobe的人工智能来分析图像并决定选择什么。

如果图像有一个清晰可辨的主体，它可以很好地工作。但是使用"对象选择"工具会增加您获得好结果的机会，因为它让Photoshop知道您想要什么（图5.17）。

图5.17 选择主体（顶部）和"对象选择"工具在右天鹅（底部）周围绘制选框之间的区别

使用选定内容

看了一些做出选择的基本方法后，让我们把注意力转向一些可以修改这些选择的方法。您可以变换选定内容、移动选定内容、隐藏选定内容的边、以各种方式添加选定内容或从选定内容中减去选定内容、将选定内容复制到另一个文档等。

如果需要对选择的形状进行小的调整，那么"变换选择"是一个有用的工具。注意，这只会更改选择大纲，而不会更改选择的内容。

要变换选定内容，请执行以下操作：

1. 在选择处于活动状态的情况下执行"选择"→"变换选区"命令。
2. 拉动任何其他变换控制柄以重塑选择（图5.18）。

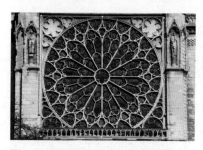

图 5.18 使用"变换选区"扭曲椭圆选择

TIP 若要扭曲选择，请在拖动变换控制柄的同时按住Ctrl/Command键。

TIP 若要从中心变换选择，请在拖动变换控制柄的同时按住Alt/Option键。

TIP 若要更改选择的内容，请执行"编辑"→"变换"子菜单中的命令，而不是执行"选择"→"变换选区"命令。

要移动选择边，请执行以下操作：

1. 选择任何选择工具（快速选择或对象选择除外）。
2. 将光标定位在所选内容内并进行拖动。

TIP 要在绘制选定内容时移动选定内容，请按住鼠标左键并按住空格键拖动。

TIP 若要将移动方向约束为45°的倍数，请开始拖动，然后在继续拖动时按住Shift键。

TIP 要以1像素为增量移动所选内容，请按键盘上的方向键。

TIP 要以10个像素为增量移动所选内容，请按住Shift键，然后按键盘上的方向键。

TIP 要移动选择的像素，而不是选择边，请使用"移动"工具。

有时，选择边可能会在视觉上分散注意力，您会想要隐藏它们。

要隐藏选择边（又名"蚂蚁线"），请执行以下操作：

执行以下操作之一：

- 执行"视图"→"显示"命令可同时显示或隐藏选择边、网格、辅助线、目标路径、切片、注释、层边界、计数和智能辅助线（图5.19）

图5.19 显示额外功能选项

- 执行 "视图" → "显示" → "选区边缘" 命令以仅切换当前选择的选区边缘的视图。进行其他选择时，选区边缘会重新出现。

您可以通过向初始粗略选择添加区域或从中减去区域来细化初始粗略选择。使用 "快速选择" 工具，只需选择 "添加到选区" 模式（其默认行为）或 "从选区减去" 模式，然后在要添加到初始选择或从初始选择中删除的区域上绘制即可。对于其他选择工具，它需要额外的步骤。

要添加到选区，请执行以下操作：

1. 使用任何选择工具（快速选择除外）时，请选择选项栏上的 "添加到选区" 或按住 Shift 键。添加到选定内容时，光标旁边会显示一个加号。

2. 拖动该工具以选择要添加到选择中的区域（图5.20）。

图 5.20 添加到选定内容

要从选区减去：

1. 在选项栏上选择 "从选区减去" 选项，或按住 Alt/Option 键。从选区中进行减法运算时，光标旁边会显示一个减号。

2. 拖动工具以选择要从选区中删除的区域（图5.21）。

图 5.21 在树莓上画一个矩形选框，同时按住 Alt/Option 键，将其从原始选区中减去

当基于亮度或颜色值进行选择时（请参见第8章），"相交" 比选择对象更有用。这里有一个简单的例子。

要与选区内容相交，请执行以下操作：

- 在选项栏上选择 "与选区交叉" 选项，或按快捷键 Shift+Alt/Option。当您选择一个相交区域时，光标旁边会出现一个 "X"（图5.22）。

图 5.22 从选择所有浆果开始。然后，要与所选内容相交，只保留每个所选内容的下半部分，请在按快捷键 Alt/Option+Shift 的同时绘制一个矩形选框

在以任何方式手动添加到选区或从选区中减去之前，请将选项栏上的 "羽化" 和 "消除锯齿" 值设置为与原始选择中使用的设置值相同（图5.23）。

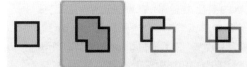

图 5.23 "选择"选项从左到右依次为"新建""添加到选区""从选区中减去""与选区相交"

有时，从想要的部分中选择图像的相反部分比选择想要的部位更容易。在这些情况下，可以使用"反选"选项。假设有一个物体，背景是纯色的，可以使用魔棒工具轻松地选择背景，然后将选择反选为对象（图5.24）。

要反选选择，请执行以下操作：

1. 使用任何选择方法进行选择。
2. 执行"选择"→"反选"命令（按快捷键 Ctrl+Shift+I/Command+Shift+I）。

要移动所选像素，请执行以下操作：

1. 切换到"移动"工具（V）。
2. 从活动选区中拖动到新位置。如果选择了多个区域，则所有区域都将在拖动时移动。

要复制所选像素，请执行以下操作：

1. 切换到"移动"工具（V）。
2. 当您从活动选区中拖动到新位置时，请按住 Alt/Option键。

图 5.24 从想要的相反的东西开始往往更容易。在本例中，由于天空几乎是平坦的，因此使用魔棒工具选择天空很容易。然后，通过"反选"选择建筑

图 5.25 删除选定内容之前和之后

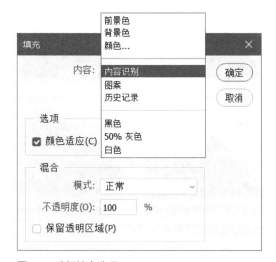

图 5.26 选择填充选项

要将所选内容复制到另一个文档，请执行以下操作：

1. 切换到"移动"工具（V）。

2. 将所选内容拖动到其他文档的选项卡或文档窗口。

要删除所选内容，请执行以下操作：

- 请确保选择处于活动状态，并且已选择正确的图层。

- 按Backspace/Delete键可删除所选内容，并将其替换为透明（图5.25），只要该层不是背景层即可。

要填充选定内容，请执行以下操作：

1. 请确保选择处于活动状态，并且已选择正确的图层。

2. 执行"编辑"→"填充"命令（按快捷键Shift+F5），打开"填充"对话框。

3. 从内容菜单中选择所需的填充类型（图5.26）。

4. 单击"确定"按钮。

TIP 要用前景颜色快速填充选定内容，请按快捷键 **Alt+Backspace/Option+Delete**。

TIP 要用背景色快速填充所选内容，请按快捷键 **Ctrl+Backspace/Command+Delete**。

修改所选内容

随着"选择和遮罩"对话框（请参见第8章）及其更具交互性的界面的发展，"选择"→"修改"菜单中的"边界""平滑""展开""收缩"和"羽化"选项不再像以前那样重要。尽管如此，老式的方法仍然有用。

通过边界，可以选择现有选区内外的像素宽度。

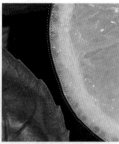

图 5.27 创建边界选择的结果（在这种情况下为30个像素）

要修改所选内容的边界，请执行以下操作：

1. 使用其中一个选择工具进行选择。

2. 执行"选择"→"修改"→"边界"命令。

3. 在宽度字段中输入一个介于1~200像素的值，然后单击"确定"按钮（图5.27）。

平滑可以减少粗略选择的粗糙度。

图 5.28 粗略选择平滑3个像素的结果的特写

要平滑粗略的选择，请执行以下操作：

1. 使用其中一个选择工具进行选择。

2. 执行"选择"→"修改"→"平滑"命令。

3. 输入"取样半径"的值（图5.28）。

扩展或收缩选区：

1. 使用其中一个选择工具进行选择。

2. 执行"选择"→"修改"→"扩展"或"选择"→"修改"→"收缩"。

3. 在"扩展量"或"收缩量"字段中，输入指定数量的像素，以扩展（从当前边界推出）或收缩（从当前边界拉入）所选内容（图5.29）。

图 5.29 从左到右：选定红色对象的特写，选择扩展，同一选择收缩，选择边界

要为选定内容添加羽化，请执行以下操作：

1. 使用其中一个选择工具进行选择。

2. 执行"选择"→"修改"→"羽化"命令。

3. 在"羽化半径"字段中，输入用于软化选区边界的值。只有在移动、剪切、复制或填充选定内容后，"羽化"效果才会可见（图5.30）。

TIP 虽然可以在使用选框工具和套索工具时添加羽化，但最好从中性（未羽化）选择开始，并根据需要添加羽化。一旦选择边被羽化，它就不能被取消。

TIP 羽化半径较大的小选区可能过于微弱，以至于它们的边缘不可见，您会看到警告消息。"没有超过50%的像素被选中"的您可以减小羽化半径或增加选区的大小。或者，在知道无法准确看到选区边缘的情况下，与选区共存。

图 5.30 将羽化选择复制到新层，然后隐藏原始层的结果

增加选择内容

"扩大"和"相似"都选取一个像素范围，直到魔棒工具的当前容差设置。

要扩大选取:

1. 进行活动选择。

2. 执行"选择"→"扩大选取"命令以包括所有相邻（连续）像素。

3. 或者，执行"选择"→"选取相似"命令以扩展选择以包括类似（连续和非连续）像素（图5.31）。

TIP 要以增量增加选择，请多次执行"扩大选取"或"选取相似"命令。

图 5.31 原始选择在左侧。执行"扩大选取"命令将选择扩展到相邻像素；执行"选取相似"命令包括不相邻的像素

6

图层

我们在Photoshop中所做的几乎所有事情都使用图层，图层是如此基本，但图层在早期版本的Photoshop中并不存在。当第3版Photoshop引入图层时，就像无声电影变成有声电影一样。

图层可以让您以各种方式操纵自己的图像。有些图像没有层次是不可能实现的，但即使会实现，也要困难得多。图层允许您将合成的各种元素分开，以便可以独立编辑它们。您可以使用图层来移动元素。添加文本或图形，或将图像与"不透明度"和混合效果相结合。

把图层想象成一个堆栈，您可以通过自下而上的堆叠来构建作品，也可以通过向上或向下移动图层来更改图层的顺序。

本章内容

关于图层	74
"背景"图层与常规图层	76
创建图层	76
复制和粘贴图层	78
选择图层	81
移动、对齐和变换图层	82
合并图层和拼合图像	85
图层管理	88
图层合并	94

关于图层

默认情况下，新图像有一个图层，即"背景"图层。通过在"背景"层上添加各种层，可以在文档中构建复杂的作品。

例如，可以在一个图层上添加文本，也可以在另一个图层上添加一个形状或透明图像。根据需要，可以添加、删除、隐藏或更改图层的顺序。图层可以独立编辑，让您可以完全控制构图。正是这种层的独立性使它们成为无损工作流程的关键部分（请参阅侧边栏"无损编辑技术"）。

与始终不透明、锁定且位于堆栈底部的"背景"层不同，层可以包含部分或完全透明的区域，并且可以在堆栈中向上或向下移动。您可以透过图层的任何透明部分看到下面的图层。Photoshop使用棋盘图案来显示透明区域。

"图层"面板（执行"窗口"→"图层"命令）列出了图像中的所有图层、图层组和图层效果（图6.1）。在这里，您可以显示和隐藏图层、创建新图层以及使用图层组。通过单击面板右上角的"层"面板菜单，可以访问其他命令和选项。

TIP 通过从"图层"面板菜单中选择面板选项，可以更改图层缩略图的大小。

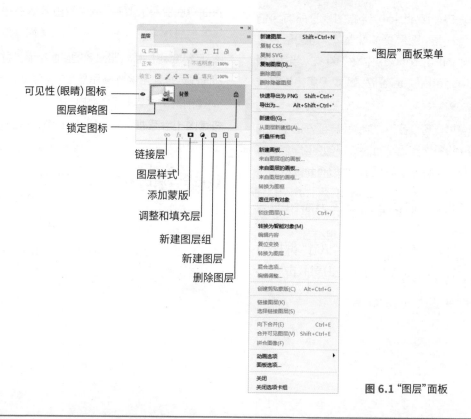

可见性（眼睛）图标
图层缩略图
锁定图标
链接层
图层样式
添加蒙版
调整和填充层
新建图层组
新建图层
删除图层

"图层"面板菜单

图 6.1 "图层"面板

图层类型

虽然在一个组合中使用所有类型的层并不常见，但这就是我们在图6.2中所做的，这样就可以了解"图层"
面板上发生了什么。

A: "不透明度"降低的纹理
图像层。

B: 由三个类型图层组成的
层组。

C: 不同的图层组采用不同的
颜色编码，便于识别。

D: 向下的箭头表示一个层被
裁剪到下面的层（嘴唇）。

E: "色调/饱和度"调整层会
改变嘴唇的颜色。

F: 图标表示该层已转换为智能对象。

G: 一个矢量形状的图层。

H: 纯色填充层。

I:文字变形的图层。

J: fx图标表示应用于图层的图层效果（此处为阴影）。

K: 应用于zip图层的图层蒙版会隐藏该图层的选定部分。

L: 带有"链接"图标的图层已经链接，因此它们可以作
为单个项目移动。

M: 应用"智能滤镜"，使嘴唇呈现出绘画般的效果。

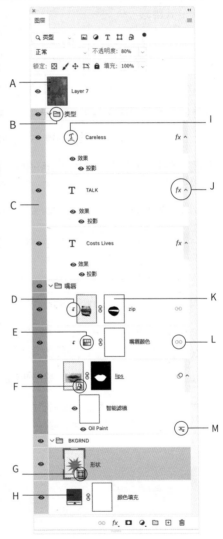

图6.2 图层类型

"背景"图层与常规图层

当您打开一个具有白色或彩色背景的新图像时,该图像称为"背景"图层。一个图像只能有一个"背景"图层。您不能移动它或调整它的混合模式,而且它总是不透明的。但是,可以很容易地将"背景"图层转换为普通图层。也可以将图层转换为"背景"图层。

创建具有透明背景内容的新文档时,图像没有背景图层。

要将"背景"图层转换为普通图层,请执行以下操作:

执行以下操作之一:

- 单击"背景"图层缩略图右侧的锁定图标(🔒)。

- 双击"背景"图层以打开"新建图层"对话框,并根据需要更改任何图层选项。

要将普通图层转换为"背景"图层,请执行以下操作:

- 执行"图层"→"新建"→"背景图层"命令。图层转到图层堆栈的底部,所有透明像素都转换为背景色。

  视频 6.1
图层概述

扫码看视频

创建图层

创建新层时,它会显示在"图层"面板中的选定层上方或选定层组内。新层一开始是透明的,如"图层"面板中缩略图上显示的棋盘按钮所示。您可以添加任意数量的层,仅受存储空间和可用系统内存的限制。

要创建新图层,请执行以下操作:

- 单击"图层"面板底部的"新建图层"按钮(⊞)。新图层将显示在此选定图层的上方。新层的默认混合模式为"正常","不透明度"和"填充"的默认设置为100%。

要在创建图层时为其选择选项,请执行以下操作:

1. 按Alt/Option键单击"新建图层"按钮,或按快捷键Ctrl+Shift+N/Command+Shift+N。打开"新建图层"对话框。

2. 在"新建图层"对话框中,选择所需的选项并命名图层 (图6.3)。

3. (可选) 选择一种非打印颜色来标识图层。

图 6.3 命名图层并选择选项

要将选择复制到新图层，请执行以下操作：

1. 创建一个选择。

2. 执行"图层"→"新建"→"通过拷贝的图层"命令（按快捷键Ctrl/Command+J）。

要剪切选择并将其转换为新图层，请执行以下操作：

1. 创建一个选择。

2. 在文档中右击，然后在弹出的快捷菜单中选择"通过剪切的图层"选项（按快捷键Ctrl+Shift+J/Command+Shift+J），原始图层的选定区域将变为透明（图6.4）。如果从"背景"中剪切像素，则所选区域将填充"背景"颜色。

要复制图层或图层组，请执行以下操作：

执行以下操作之一：

■ 在"图层"面板上单击一个图层或一个图层组，或者按Ctrl/Command键单击多个图层，然后按快捷键Ctrl/Command+J。

■ 在"图层"面板上，将图层、图层组或"背景"图层拖动到"新建图层"按钮上。副本将显示在拖动的副本的上方。

TIP 复制图层时，该层上的任何蒙版和效果也会被复制。

图 6.4 通过复制的图层（中间）和通过剪切的图层（底部）之间的区别

复制和粘贴图层

可以在文档内和文档之间复制和粘贴图层：

- **粘贴：**（执行"编辑"→"粘贴"命令或按快捷键Ctrl/Command+V），在目标文档的中心创建一个重复层。新层包括任何层蒙版、矢量蒙版和层效果。

"选择性粘贴"菜单上的"粘贴"命令的一些类型：

- **原位粘贴：** 在与原始文档相同的相对位置将复制的图层粘贴到目标文档中。

- **贴入或外部粘贴：** 将复制的选择粘贴到任何图像中的另一个选择中或外部。"源选择"将粘贴到新图层上，"目标选择边界"将转换为"图层遮罩"。

要将一个选择粘贴到另一个选择中，请执行以下操作：

1. 在源文档中进行选择，然后执行"编辑"→"复制"命令（按快捷键Ctrl/Command+C）（图6.5（a））。

2. 移动到目标文档，然后选择要粘贴到的区域（图6.5（b））。

3. 执行"编辑"→"选择性粘贴"→"贴入"（图6.5（c））。

4. （可选）将粘贴的图层放置在创建的图层遮罩中。

也可以通过拖动将图层或图层组复制到另一个图像中。

(a)

(b)

(c)

图 6.5 将一个文档中的选定内容粘贴到另一个文档的选定内容中。目标文档中的选定内容用作粘贴选定内容的蒙版，粘贴选定内容将成为自己的图层

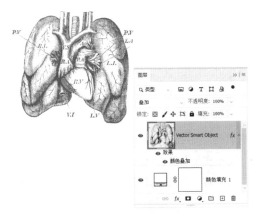

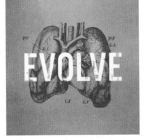

图 6.6 将图层从一个文档拖动到另一个文档。该层位于当前活动层的上方，因此可能需要通过向上或向下拖动该层来更改堆叠顺序

要通过拖动在图像之间复制图层或图层组，请执行以下操作：

1. 打开源图像和目标图像。

2. 从源图像的"图层"面板中，选择一个或多个图层或一个图层组。

3. 从"图层"面板拖动图层或图层组，将其保持在目标图像的选项卡上，直到其窗口向前，然后将其放在目标窗口内（图 6.6）。在"图层"面板中，重复的图层或组将位于目标图像中的活动图层上方。

4. （可选）在拖动时按住 Shift 键，使图层或组位于目标图像中的位置与在源图像中相同（假设两个图像具有相同的像素尺寸）。

TIP 若要排除图层样式，例如混合模式，请在复制单个层时执行"选择"→"全部"命令，然后执行"编辑"→"复制"命令。移动到目标文档，然后在目标图像中执行"编辑"→"粘贴"命令。

TIP 如果您将文件从桌面拖到打开的图像上，Photoshop 会创建一个智能对象层。取消选择"在置入时始终创建智能对象"选项，可以在"首选项"→"常规"中更改此行为。

TIP 根据颜色管理设置，在文档之间复制和粘贴时，可能会看到有关颜色配置文件的警告消息。最安全的响应是选择"保留嵌入式配置文件"选项（请参阅第 11 章）。

图层: 聚光灯指南

以下是对不同图层类型以及如何识别它们的简要描述。

"背景"层(🔒): 是大多数Photoshop图像开始的方式。"背景"图层与其他图层的不同之处在于, 不能更改其堆叠顺序、"混合模式"或"不透明度"。但是, 可以通过双击"背景"图层的缩略图并将其命名为其他名称, 将其转换为常规层。

图层组(▢): 是可以放置相关图层的文件夹, 能够在概念上排列图层, 并保持整洁。单击组文件夹左侧的V形以展开或收缩组内容的视图。

图层效果(𝑓𝑥): 可以快速、无损地添加阴影、光晕、倒角等。图层效果链接到图层内容。

文字图层 (T): 使用"文字"工具时, 会自动创建文字图层。文字保持可编辑状态, 可以将图层效果添加到文字中, 也可以应用变换 ("透视"和"扭曲"除外)。如果要将筛选器应用于文字, 请首先将文字图层转换为智能对象。

形状图层 (▥): 可以使用"画笔"工具或"形状"工具创建形状图层, 这些工具可以创建矢量形状, 当您需要具有边缘清晰的简单图形形状时, 这些矢量形状非常有用。

调整层 (◑): 用于以无损的方式应用颜色和色调调整。

图层蒙版(◖): 类似于Alpha通道, 但附加到特定的层。它们允许您确定显示图层的哪些部分以及蒙版或隐藏哪些部分。

剪切蒙版 (↳): 可以限制特定层的影响。通常, 图层会影响图层堆栈中位于其下方的所有内容。使用剪切蒙版, 层可以被基本层剪切, 以便它们只影响该基本层 (图6.7)。

智能对象层 (▣): 是嵌入的文件, 用于维护到原始数据的链接, 这意味着您可以对其内容进行无损转换。

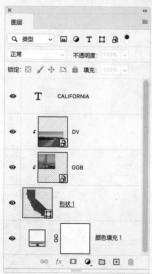

图 6.7 两个图像层被剪切到下面的形状。实现相同结果的另一种方法是将两个层放在一个组中, 并在该组中添加矢量蒙版

选择图层

选择某个图层或图层组时，它会有一个高亮显示，默认情况下为灰色。选定的层称为活动图层，其名称显示在文档窗口的标题栏中。

对于绘制或进行颜色和色调调整等任务，一次只能处理一个图层。对于从"样式"面板移动、对齐、转换或应用样式等任务，可以一次选择并影响多个图层。

- 要选择多个连续的图层，请单击第一个图层，然后按住Shift键并单击最后一个图层。

- 要选择多个不相邻的层，请在"图层"面板中按住Ctrl/Command键单击它们。

- 要选择所有层，请执行"选择"→"所有图层"命令。

- 要取消选择所有层，请单击"背景"层或底层下方的"图层"面板，或执行"选择"→"取消选择图层"命令。

如果没有得到预期的结果，则可能没有选择正确的图层。检查"图层"面板，以确保您所尝试的图层正确。

有时直接从文档窗口中选择一个或多个图层会更快。

要从文档窗口中选择图层，请执行以下操作：

- 在图像上右击，然后在弹出的快捷菜单中选择一个图层。菜单列出了光标下方包含像素的所有图层（图6.8）。

图6.8 通过右击选择图层

您也可以使用"自动选择"选项。

要自动选择图层，请执行以下操作：

1. 选择"移动"工具（V）。

2. 在选项栏上，选择"自动选择"选项，然后从菜单中选择"图层"选项（图6.9）。

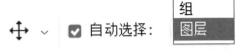

图 6.9 自动选择图层

3. 在文档中单击要选择的图层。

要自动选择图层组，请执行以下操作：

1. 选择"移动"工具（V）。

2. 在选项栏上，选择"自动选择"选项，然后从菜单中选择"组"选项。

3. 在 文 档 中 单击要选择的内容。如果单击未分组的图层，该图层将变为选中状态。

TIP 在选项栏上选择"自动选择"的另一种方法是，按住Ctrl/Command键切换到"自动选择"。这是一种更流畅的工作方式。

移动、对齐和变换图层

在图层中显示内容的边界或边可以移动和对齐内容。还可以显示选定图层和组的变换控制柄，从而更容易调整它们的大小或旋转它们。

要显示图层的边，请执行以下操作：

1. 选择图层。

2. 执行"视图"→"显示"→"图层边缘"命令以显示所选层中内容的边缘（图6.10）。

要移动图层的内容，请执行以下操作：

1. 选择图层。

2. 使用"移动"工具（V），通过拖动重新定位内容。

图 6.10 显示选定图层的边

TIP 也可以按键盘上的方向键将内容轻推1个像素或10个像素（如果按住Shift键）。

这是一个基本的设计原则，即构图的元素应该以某种方式对齐，无论是相互对齐还是与画布对齐。Photoshop中的对齐选项使您可以通过两个或多个选定图层的边缘或中心对齐它们的内容。也可以在三个或多个选定图层之间分布间距。

要更改图层堆栈中的图层顺序，请执行以下操作：

- 要更改图层或组的堆叠顺序，请在"图层"面板中向上或向下拖动它们，或者执行"图层"→"排列"子菜单中的命令。

图 6.11 旋转图层。注意光标的旋转角度

图 6.12 通过顶部边缘（a）、底部边缘（b）和垂直中心（c）
对齐三个形状层的结果

要旋转图层，请执行以下操作：

1. 若要旋转图层，请执行"编辑"→"变换"→
   "自由变换"命令。此时会出现一个边界框。

2. 将光标移到边界框外（它变成一个弯曲的双
   向箭头 ↰），然后拖动（图6.11）。拖动时按
   住Shift键，将旋转限制为15°增量。

3. 要提交旋转，请按Enter/Return键，或单击
   选项栏上的复选标记。要取消选择，请按
   Esc键，或单击选项栏上的"取消"图标。

要对齐图层，请执行以下操作：

1. 选择"移动"工具（V）。

2. 选择两个或多个层。

3. 单击选项栏上的对齐按钮之一，或执行"图
   层"→"对齐"命令（图6.12）。

TIP 要将图层与选择对齐，请在单击对齐按钮之前
创建一个选择。

要在图层之间分配空间，请执行以下操作：

1. 选择"移动"工具（V）。

2. 选择三个或更多层。

3. 单击选项栏上的分布选项之一。

要查看选定层的变换控制柄，请执行以下操作：

1. 选择"移动"工具（V）。

2. 在选项栏上选择"显示变换控件"选项。

导出图层

可以使用多种格式（包括PSD、JPEG和TIFF）将图层导出并保存为单独的文件。图层在保存时会自动命名。当处理一系列具有相同特点的图像时，这是一个节省时间的功能。

要导出图层，请执行以下操作：

1. 执行"文件"→"导出"→"将图层导出到文件"命令。

2. （可选）默认情况下，Photoshop将生成的文件保存在与源文件相同的文件夹中，但您可以选择目标文件夹。

3. 设置其他选项，如名称前缀、文件格式以及是否只导出可见图层（图6.13）。

更改图层"不透明度"

图层"不透明度"选项控制图层是半透明还是不透明（图6.14）。

也可以通过键盘更改选定图层或图层组的"不透明度"。选择"移动"工具或"选择"工具，然后按0~9的数字（例如，2表示20%）或输入百分比（例如，57表示57%）。按0键可将"不透明度"设置为100%，按00键可将其设置为0%。

与"不透明度"相关的是图层"混合模式"，这是第10章的主题。默认的"混合模式"和"不透明度"为100%的"正常"，这意味着图层的颜色不会与下面层的颜色交互。

图6.13 将图层导出为单独的PSD（原生Photoshop）文件

图 6.14 "图层"面板上的"不透明度"和"填充"选项。"不透明度"会影响整个层的透明度，包括任何图层效果。"填充"不会影响任何图层效果的"不透明度"（见第10章）

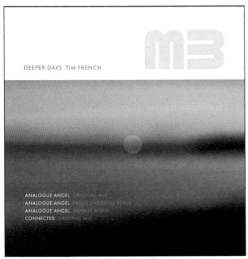

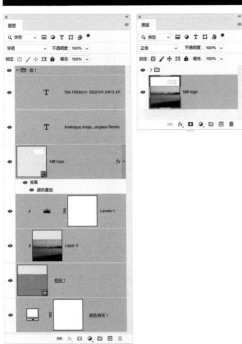

图 6.15 在本例中,除第1组中的文字图层外,所有图层都合并为一个图层

合并图层和拼合图像

有时, 减少图层的数量以降低文件大小并最大限度地减少"图层"面板上的混乱是很好的。有几种方法可以做到这一点。首先也是最重要的一点是, 要谨慎, 不要做任何会限制您将来编辑文档的事情。

向下合并

向下合并将选定的图层与下面的图层合并。保存合并的文档时, 图层将被永久合并, 您无法恢复到未合并的状态。

要合并选择的图层, 请执行以下操作:

1. 选择要合并的图层和/或编组。
2. 执行 "图层" → "合并图层" 命令 (图6.15)。

要合并所有可见的图层和组, 请执行以下操作:

1. 隐藏任何不希望合并的图层。
2. 从 "图层" 面板或 "图层" 面板菜单中选择合并可见图层。

TIP 可以将调整图层合并到图像层中, 但不能将调整图层彼此合并。如果合并形状图层、文字图层或智能对象, 则会将其光栅化为基础图像层。

标记多个图层或链接的图层

您可以保持图层的完整性, 并将可见图层合并到其上方的新图层中, 而不是合并所有图层的核心选项 (这与无损方法背道而驰)。以这种方式标记多个选定图层或链接图层时, 将创建一个包含合并内容的新图层, 同时保留下面的原始单独图层。这是一种将进度整合到特定点的有效方法，同时保留原始图层，以防需要返回它们。

要标记可见层，请执行以下操作：

1. 选择要合并的图层和/或编组。

2. 按住Alt/Option键并执行"图层"→"合并图层"命令，或按快捷键Ctrl+Alt+Shift+E/Command+Option+Shift+E（图6.16）。

栅格化图层

如果要直接在包含矢量数据的图层（如文字、形状图层、矢量蒙版或智能对象）上绘制或将过滤器应用于这些图层，必须首先栅格化这些图层，以将其内容转换为像素。

要栅格化图层，请执行以下操作：

执行以下操作之一：

- 选择要栅格化的图层，然后执行"图层"→"栅格化"命令（图6.17）。

- 在图层名称的右侧右击，然后在弹出的快捷菜单中选择"栅格化图层"选项。

需要注意的是，一旦栅格化了一个图层，就失去了可伸缩性和可编辑类型的优势，所以除非绝对必要，否则不要这样做。

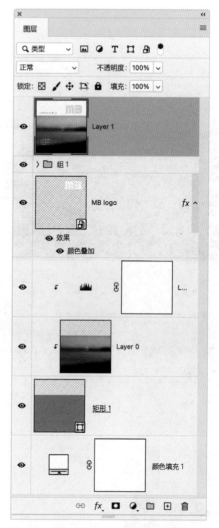

图 6.16 按住Alt/Option键的同时选择"合并可见的图层"选项，将保留合并结果下方的原始图层

图 6.17 栅格化智能对象

图 6.18 单击"存储副本"按钮可以访问所有文件类型

图 6.19 从"格式"菜单中选择"JPEG"类型

透明度首选项

通常，Photoshop将透明度表示为棋盘，以将其与白色区分开来。大多数时候，这是有用的，但偶尔棋盘会分散注意力。您可以将其关闭或更改其大小和颜色。执行"编辑/Photoshop"→"首选项"→"透明度与色域"命令（图6.20）。

图 6.20 在"透明度与色域"中选择透明度网格（棋盘）的大小

拼合图像

拼合通过将所有可见图层合并到一个背景中并丢弃隐藏层来减小文件大小。任何透明区域都将变为白色。保存拼合的图像时，无法恢复到未拼合的状态。因此，只有当您有110%的信心相信您的图像是完全完整的，并且在任何情况下都不需要进一步编辑时，才可以执行"层"→"拼合图像"命令。

是的，有时图像需要处于"拼合"状态，而不需要任何层次，例如将图像放在网页或社交媒体帖子上，或者向客户发送证据。在这种情况下，您会保存一个拼合的副本。

当然，保持图层完整将意味着文件大小更大，但您应该在这与最大限度地提高编辑灵活性之间取得平衡。（遵循下面的图层管理建议，尽可能地保持文件的有序性和精简性。）保留图层意味着可以随时进行更改。

所以，当您考虑拼合时，需要在文件名后面加上copy。

要保存拼合副本，请执行以下操作:

1. 执行"文件"→"存储为"命令（按快捷键 Ctrl+Shift+S/Command+Shift+S）打开"存储为"对话框。

2. 单击"存储副本"按钮（图6.18）。

3. 从"保存类型"菜单中选择一种文件格式。如果选择不支持图层的JPEG格式，则图层复选框将被取消勾选（图6.19）。

4. 单击"保存"按钮。分层版本保持开放; 拼合的版本被保存到磁盘。

图层管理

图层管理只需要一瞬间，从长远来看会节省时间。图层和组将进行命名、颜色编码，并在适当的情况下进行链接（图6.21）。

组织图层

为了提高工作流程的效率，您可以做一些简单的事情。描述性名称使图层和组更易于在"图层"面板中识别。您可能会在几个月或几年后重新审视项目。或者您可能需要与同事共享一个项目。

要添加描述性图层名称，请执行以下操作：

- 双击"图层"面板中的图层或组名称，然后输入新名称。

它还有助于对图层和组进行颜色编码，从而更容易在"图层"面板中找到相关图层。

图 6.21

视频 6.2
管理图层

扫码看视频

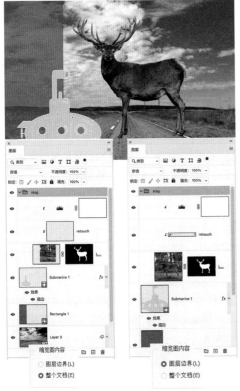

图 6.22 "图层面板选项"对话框。缩略图内容是相对于整个文档或图层边界进行查看的。

要对图层进行颜色编码，请执行以下操作：

■ 在图层或编组上右击，然后在弹出的快捷菜单中选择一种颜色。

图层缩略图显示

您可以通过设置几个选项来控制从图层缩略图中获得的视觉反馈。

要自定义图层缩略图，请执行以下操作：

1. 右击任何图层缩略图，然后为所有图层缩略图选择一个大小。

    ■ 再次右击并选择缩略图中显示的内容。

    ■ 将缩略图裁剪到图层边界意味着只显示图层内容。

    ■ 将缩略图剪裁到文档边界意味着图层内容相对于画布大小显示。

这些选项以及其他一些选项也可在"图层"面板菜单的"图层面板选项"对话框（图6.22）中使用。

锁定图层

使用"锁定图层"对话框，可以完全或部分锁定图层以保护其内容。部分锁定图层时，可以选择"透明区域"（以防止在图层的不透明部分之外进行编辑）、"图像"（防止在图层上绘制）或"位置"（防止移动图层）。锁定后，图层名称的右侧会显示一个锁定图标。当图层被完全锁定时，图标是实心的，当图层被部分锁定时，该图标是空心的。

要完全锁定图层，请执行以下操作：

1. 选择一个图层或多个图层。

2. 从面板菜单中选择"锁定图层"选项。

3. 勾选"全部"复选框（图6.23）。如果选择了一个图层，这将锁定所有链接的图层。

要部分锁定图层，请执行以下操作：

1. 选择一个图层或多个图层。

2. 从面板菜单中选择"锁定图层"选项。

3. 单击"锁定图层"对话框中的一个或多个锁定选项。

TIP 对于文字和形状层，默认情况下会勾选"透明区域"和"图像"复选框，并且不能取消选择。

过滤层

过滤层是另一个有用的管理功能，尤其是当您正在处理包含许多图层的复杂文档时。通过过滤选项，可以根据名称、种类、效果、模式、属性或颜色标签查看图层的子集。

要在"图层"面板中过滤图层，请执行以下操作：

1. 从面板顶部的菜单中选择一种过滤器类型（图6.24）。

2. 选择或输入筛选条件。

3. 切换开关以打开或关闭图层过滤。

要停用图层过滤，请在"图层"面板的右上角单击"图层过滤开/关"按钮。（如果再次单击该按钮，将恢复上次设置。）

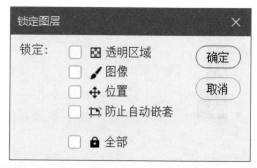

图 6.23 图层的锁定选项

图 6.24 从菜单中选择过滤方法、层类型图标（从左起：图像层、调整层、类型层、矢量层、智能对象），然后单击切换开关（最右侧）以打开和关闭过滤。

TIP 单击"可见性（眼睛）"列以显示或隐藏特定的图层、组或样式，这样可以更轻松地独立处理图像的各个部分。

TIP 按Alt/Option键单击"可见性"图标以仅显示该图层或组。按Alt/Option键单击同一眼睛以恢复原始可见性设置。

TIP 只选择要查看的图层，然后右击画布并在弹出的快捷菜单中选择"隔离图层"选项以隐藏所有其他图层。

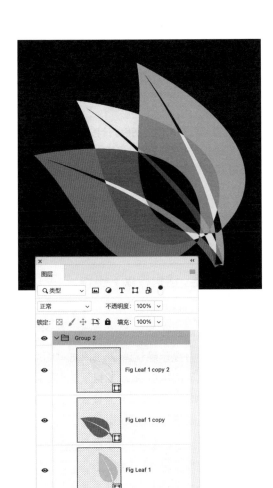

图 6.25 这三种叶子形状组合在一个图层组中。这不仅可以保持"图层"面板的整洁，而且在这种情况下，还允许将透明度混合选项应用于树叶，而不依赖于黑色背景

图层组

图层组可以减少混乱，并按逻辑顺序排列图层。可以移动、变换、复制、重新堆叠、隐藏、显示、锁定或更改图层组的"不透明度"或"混合模式"。您可以将组放入组中，也可以应用属性和蒙版组来同时影响多个图层。

要创建现有图层的图层组，请执行以下操作：

1. 在"图层"面板中选择多个图层。

2. 执行"图层"→"图层编组"命令（按快捷键Ctrl/Command+G），或将图层拖到"图层"面板底部的文件夹图标中（图6.25）。

TIP 在"图层"面板中，单击组左侧的箭头以展开或折叠该组。

TIP 按住Alt/Option键并单击图层组旁边的箭头以展开图层、图层效果和智能过滤器。

TIP 要将多个连续的图层拖动到另一个文档，将它们分组，然后拖动组比单个拖动更简单。

要创建新的空图层组，请执行以下操作：

1. 单击要在其上显示组的图层。

2. 单击"新建组"按钮。（若要在创建组时对其进行命名，请按Alt/Option键，单击"新建组"按钮，或从面板菜单中选择"新建组"选项。）

3. 将图层拖动到组文件夹中。

要将图层移动到组中，请执行以下操作：

- 将图层拖动到组文件夹中。如果组是闭合的，则图层将转到组的底部。如果组处于打开状态，则可以将图层放置在组中的任何位置。

要取消图层编组，请执行以下操作：

1. 选择组。

2. 执行"图层"→"取消图层编组"命令（按快捷键Ctrl+Shift+G/Command+Shift+G）。

链接和取消链接图层

链接图层是在图层之间建立关系的另一种方式。可以移动变换或将变换应用于链接的图层。链接的图层将保持链接状态，直到取消链接为止。

链接的图层和图层组非常相似。使用链接的图层，可以同时重新定位图层堆栈中不相邻的图层。对于其他所有操作，包括移动和变换，图层组是首选。

要链接图层，请执行以下操作：

1. 选择两个或多个图层或编组。

2. 单击"图层"面板底部的链接图标（∞）。

要选择所有链接的图层，请执行以下操作：

1. 选择其中一个图层。

2. 执行"图层"→"选择链接图层"命令。

要取消图层链接，请执行以下操作：

1. 选择一个或多个链接图层。

2. 单击"图层"面板底部的"链接"图标。

TIP 若要临时禁用链接图层，请按住Shift键并单击链接图层的"链接"图标。出现一个红色的"X"。按住Shift键并单击"链接"图标可再次启用链接。

删除图层或组

删除不再需要的图层或那些想忘记的废弃实验可以帮助整理"图层"面板。

要删除图层，请执行以下操作：

1. 在"图层"面板中选择要删除的图层。

执行以下操作之一：

- ▶ 要删除并显示确认消息，请单击"图层"面板底部的垃圾桶。（如果不想看到此消息，请单击"不再显示"按钮，或在单击垃圾桶时按住Alt/Option键。）

- ▶ 若要删除隐藏图层，请执行"图层"→"删除"→"隐藏图层"命令。

- ▶ 要删除空图层，请执行"文件"→"脚本"→"删除所有空图层"命令。

要删除所有链接的图层，请执行以下操作：

1. 选择链接的图层。

2. 执行"图层"→"选择链接图层"命令。

3. 删除图层。

无损编辑技术

图层是无损工作流程中不可或缺的一部分。无损编辑允许您更改图像，而且不会使其永久更改或降低图像质量。这最大限度地提高了您的创造性选择，让您可以进行实验。它也更高效，因为您可以在多个文档中重复使用相同的元素。

您可以通过以下几种方式进行无损工作。

⬤ **调整图层：** 在不永久更改像素值的情况下应用颜色和色调调整。编辑作为指令存储在调整图层中，而不是直接应用于图像像素。（见第9章。）

🔳 **智能对象：** 包含一层或多层内容。它们的智能之处在于，您可以在不直接编辑图像像素的情况下转换（缩放、扭曲或重塑）内容。或者，您可以将智能对象编辑为单独的图像，当您进行编辑时，更改将更新到位。智能对象还允许您应用智能过滤器，以便以后可以调整或删除过滤器效果。（见第14章。）

◎ **过滤器：** 应用于智能对象成为智能筛选器。您将始终能够查看和修改应用了哪些过滤器以及使用了哪些设置。过滤器蒙版使您可以选择性地隐藏智能过滤器在智能对象层上的效果。（见第16章。）

☑ 对所有图层取样 **在单独的图层上重新修改：** 大多数修饰工具（污点修复画笔、修复画笔、修补工具、仿制图章、内容感知移动）都可以将修饰添加到单独的图层中。请确保在选项栏上选择"对所有图层采样"选项。（见第13章。）

🌀 **在Adobe Camera Raw中编辑：** 保留原始图像数据。使用原始文件时，Adobe Camera Raw将调整存储在单独的sidecar文件中。

☑ 在 Photoshop 中打开为智能对象 **打开为智能对象：** 在Adobe Camera Raw插件（ACR）中选择此选项，可以随时编辑Camera Raw设置，即使在编辑文件之后也是如此。

☑ 删除裁剪的像素 **无损裁剪：** 取消勾选"删除裁剪的像素"复选框，可以通过执行"图像"→"显示全部"命令或将"裁剪"工具拖动到图像边缘之外，随时恢复裁剪区域。（见第4章。）

◖◗ **图层蒙版和矢量蒙版：** 可以连续编辑，而不会损害它们隐藏的像素。（见第7章。）

图层复合

设计师通常会创建一个组合的多个版本来向客户展示。层组件是"图层"面板状态的快照。使用它们，您可以在一个Photoshop文件中创建、管理和查看布局的多个版本（图6.26）。

您可以在创建时为图层复合指定几个选项。

- **可见性:** 图层是显示还是隐藏。
- **位置:** 图层在文档中的位置。
- **外观:** 图层样式是否应用于图层和图层的"混合模式"。
- **智能对象的图层复合选区:** 当您在文档中选择智能对象时，"属性"面板允许您访问源文件中定义的层组件。这意味着您可以在图层级别更改智能对象的状态，而无须编辑智能对象。

要创建图层复合，请执行以下操作：

1. 执行"窗口"→"图层复合"命令以打开"图层复合"面板。

2. 单击"图层复合"面板底部的"创建新的图层复合"按钮（+图标）。新的图层复合反映了图层面板中图层的当前状态。

3. 比较并选择要应用于图层的选项。您可以选择添加描述性注释。

为了复制图层复合，请执行以下操作：

- 将图层复合的缩略图拖动到"新建图层复合"按钮上。

要查看图层复合，请执行以下操作：

执行以下操作之一：

- 单击所选图层复合旁边的"图层复合"图标。
- 在图层复合中循环两次，单击"图层复合"面板底部的"上一步"和"下一步"按钮。

视频 6.3
添加图层复合

扫码看视频

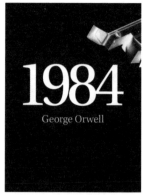
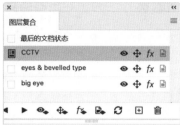

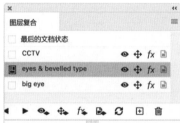

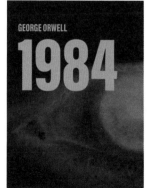
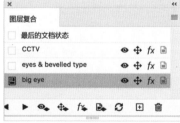

图 6.26 使用"图层复合"创建一个封面的新版本

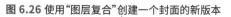

要将文档恢复到选择图层复合之前的状态，请执行以下操作：

- 单击"图层复合"面板顶部"最后的文档状态"旁边的"图层复合"图标。

如果您更改了图层复合的配置，则需要对其进行更新。

要更新图层复合，请执行以下操作：

- 单击面板底部的"更新图层复合"按钮。

也可以将图层复合导出到各文件中。

为了导出图层复合，请执行以下操作：

1. 执行"文件"→"导出"→"图层复合导出到文件"命令。

2. 在打开的对话框中，选择文件类型并设置存储路径。

或者，您可以将图层复合导出为PDF文件。

要将图层复合导出到PDF，请执行以下操作：

- 执行"文件"→"导出"→"将图层复合导出到PDF"命令。

在打开的对话框中，选择存储路径和幻灯片放映选项。

图层蒙版和矢量蒙版

无论是什么问题，蒙版几乎可以肯定是解决方案的一部分。从将主题与其背景隔离到通过无缝混合图像来创建合成物，您可以将它们用于各种创造性和日常的Photoshop任务。

蒙版之所以如此重要，是因为它们可以进行无损工作，即使随心所欲地改变主意，也不会破坏图像。蒙版不是删除层的一部分，意味着没有像素受到损害，而是通过隐藏一个层的部分暴露下面层的部分。如果出现错误，或者只是想尝试其他解决方案，也可以将层恢复到原来的状态。

"掩盖它，不要删除它"是一句让蒙版值得信赖的话。

本章内容

关于蒙版	98
添加图层蒙版	99
编辑图层蒙版	100
绘制图层蒙版	101
矢量蒙版	102
使用蒙版创建简单构图	106
图层蒙版和调整图层	108
渐变图层蒙版	109
管理图层蒙版	111
智能对象上的蒙版	116
亮度蒙版	117
组合图层蒙版和矢量蒙版	119

关于蒙版

有两种类型的蒙版可以应用于图层。

- 图层蒙版由灰度像素组成，可以使用绘制或选择工具进行编辑（图7.1）。

- 矢量蒙版与分辨率无关，并且是使用"画笔"或"形状"工具创建的。您无法使用绘制工具编辑矢量蒙版，但只要您想要清晰、定义的边，矢量蒙版可以做到（图7.2）。

对于大多数蒙版需求，图层蒙版就是所谓的蒙版，因为它使用像素。图层蒙版最适合有机物体，如头发、毛皮或任何硬度边缘在物体边界周围变化的物体。图层蒙版也是蒙版类型中最灵活的，因为它可以使用"画笔"工具进行编辑。

当涉及人造物体时，其轮廓主要是直线和优美的曲线时，最好使用图层蒙版的近亲：矢量蒙版。典型的工作流程是在主体周围创建一条画笔路径，然后将该路径转换为矢量蒙版。

图层和矢量蒙版都显示在"图层"面板中图层缩略图的右侧。

图7.1 应用了图层蒙版的图层，可以隐藏玫瑰外的图像部分

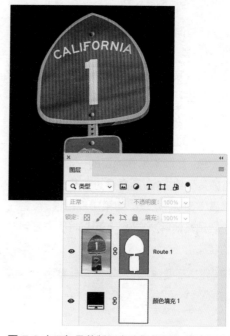

图 7.2 应用矢量蒙版隔离路标的图像，显示下面的颜色填充层

视频 7.1
蒙版概述

扫码看视频

图7.3 "行进的蚂蚁线"表示向日葵周围的主动选择

图 7.4 使用图层蒙版

图 7.5 选择图像的右侧

图 7.6 图层蒙版会隐藏图像的右侧，从而露出下面的图层

添加图层蒙版

可以通过选择或绘制来创建图层蒙版。大多数情况下，您会从选择中制作一个蒙版，然后使用绘制工具对其进行细化。典型的蒙版看起来像一个模版，即主体区域的白色被未选择区域的黑色包围。

要从选择中制作图层蒙版，请执行以下操作：

1. 进行初步选择（图7.3）。

2. 在"图层"面板上，单击要添加蒙版的图像图层、图层组或智能对象。

3. 执行以下操作之一：

   ▶ 单击"图层"面板底部的"添加图层蒙版"按钮（⬛）。

   ▶ 执行"图层"→"图层蒙版"→"显示选区"命令（图7.4）。

根据图像的不同，可以选择隐藏而不是显示所选区域。

要通过隐藏所选内容来制作蒙版，请执行以下操作：

1. 进行初步选择（图7.5）。

2. 按住Alt/Option键单击"添加图层蒙版"按钮，或执行"图层"→"图层蒙版"→"选区"命令（图7.6）。这相当于在添加图层蒙版之前执行"选择"→"反选"命令。

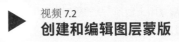

视频 7.2
创建和编辑图层蒙版

扫码看视频

编辑图层蒙版

可以连续编辑图层蒙版以添加到蒙版区域或从蒙版区域减去蒙版区域。涂成黑色以隐藏;涂抹白色会暴露出来。以灰色阴影绘制的区域显示在不同级别的透明度中,灰色越浅,显示的图层越多,反之亦然。

但是,首先要确保选择了正确的图层。当选择图层蒙版缩略图时,它有一个很容易错过的边框(图7.7)。

如果有疑问,可以通过查看"属性"面板和文档标题选项卡(图7.8)来确认是否选择了蒙版。

要编辑图层蒙版,请执行以下操作:

1. 在"图层"面板上,单击要编辑的图层蒙版缩略图。图层蒙版缩略图周围会出现一个边框。此外,当图层蒙版处于活动状态时,前景和背景颜色将变为灰度。

2. 选择任何编辑或绘制工具。

3. 在蒙版上涂上黑色以隐藏部分图层,涂上白色以显示部分图层(图7.9)。若要部分显示图层,请将蒙版涂上灰色阴影——浅灰色显示得更多,深灰色隐藏得更多。

图 7.7 注意,图层蒙版缩略图的边框。

图 7.8 显示图层蒙版的"属性"面板和文档选项卡

图 7.9 在图层蒙版上涂上黑色会隐藏更多的图像

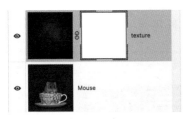

图 7.10 将图层蒙版添加到纹理图层

图 7.11 在图层蒙版上的纹理上绘制一个"洞",以显示下面的图层(在这种情况下,还将纹理图层的"混合模式"更改为"滤色")

图 7.12 改变画笔的"大小"以及"不透明度"

图 7.13 绘制蒙版时,按X键在黑色和白色之间切换。通过按Alt/Option键单击图层蒙版缩略图在查看蒙版和图像之间切换

TIP 在图层蒙版上绘制时,请记住"黑色隐藏,白色显示"。

绘制图层蒙版

虽然蒙版通常以选定内容开始,但可以从头开始绘制蒙版。

要绘制图层蒙版,请执行以下操作:

1. 选择要蒙版的图层、图层组或智能对象。

2. 在未激活任何选择的情况下,单击"添加图层蒙版"按钮(◨)(图7.10)。

3. 以黑色作为前景色,在蒙版上绘制以隐藏部分图层。切换到白色绘制要恢复的任何区域(图7.11)。

4. 根据需要按[键和]键改变画笔"大小"(图7.12)。使用数字键更改画笔的"不透明度"以绘制灰色,并部分显示或隐藏图层。

要对蒙版进行加法运算和减法运算,请执行以下操作:

1. 按D键或单击黑色/白色小样例(◨),将前景和背景颜色重置为黑色和白色。

2. 按X键或单击"切换开关"按钮(↰),在前景和背景颜色之间切换(图7.13)。

3. 在蒙版图层上涂上黑色以隐藏一个区域,或者用白色修饰一个区域以显示更多。

4. 如果在本应绘制为白色的情况下绘制为黑色,或者反之亦然,只需撤销该步骤,按X键切换颜色,然后继续绘制图层蒙版,此过程完全无损。

矢量蒙版

矢量蒙版类似于图层蒙版，但具有清晰的矢量边。如果您有一个需要清晰剪裁的对象，那么矢量蒙版就是最好的选择。虽然不能改变蒙版边缘的软度/硬度，使某些部分比其他部分更硬或更软，也不能使用"画笔"或"渐变"工具在矢量蒙版上绘制。但是可以使用"属性"面板上的"羽化"滑块均匀软化边。

如果使用"画笔"或"形状"工具制作矢量蒙版，请确保在选项栏上选择"路径"作为工具模式，否则将制作形状层。

要添加矢量蒙版，请执行以下操作：

1. 选择要蒙版的图层。

2. 在路径模式下使用"画笔"工具或"形状"工具创建闭合路径（图7.14）。

3. 按Ctrl/Command键单击"图层"面板底部的"添加图层蒙版"按钮。第一次单击会创建图层蒙版；第二次单击创建矢量蒙版。（如果图层已经有图层蒙版，则单击一次就足够。）或者，执行"图层"→"矢量蒙版"→"当前路径"命令。

要将自定义形状转换为矢量蒙版，请执行以下操作：

1. 使用"自定义形状工具"，绘制一个形状图层（图7.15）。（如果已经处于"路径"模式，请跳到步骤4。）

2. 使用"路径选择"工具选择形状图层，然后执行"编辑"→"剪切"命令（按快捷键Ctrl/Command+X）。

图 7.14 选项栏上的"路径"模式

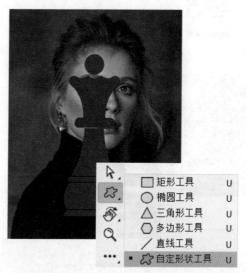

图 7.15 在"形状"模式下使用"自定义形状工具"绘制的矢量形状

图 7.16 该形状显示为未填充的矢量轮廓

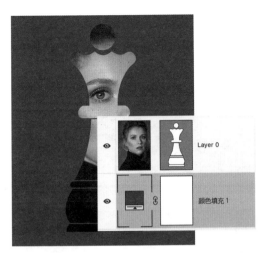

图 7.17 形状转换为矢量蒙版的结果以及它在"图层"面板上的显示方式

图 7.18 "直接选择工具"（白色箭头）

图 7.19 编辑矢量蒙版可以显示原始图像的天空

3. 选择要蒙版的图层，然后执行"编辑"→"粘贴"命令（按快捷键Ctrl/Command+V）。该形状将被粘贴为图层的路径（图7.16）。

4. 按Ctrl/Command键单击"图层"面板底部的"添加图层蒙版"按钮（或单击该按钮两次），将形状转换为矢量蒙版。

5. （可选）取消链接矢量蒙版和图层，以便可以独立移动图层和矢量蒙版，以实验形状如何裁剪图像。

6. 在下面添加一个纯色填充层（图7.17）。

TIP 如果从显示或隐藏整个图层的矢量蒙版开始，而不选择任何对象，请执行"图层"→"矢量蒙版"→"显示全部/隐藏全部"命令。

要编辑矢量蒙版，请执行以下操作：

1. 在"图层"面板上，单击要编辑的图层蒙版缩略图。如果图层同时具有图层蒙版和矢量蒙版，请选择矢量蒙版，即第二个蒙版。矢量蒙版缩略图周围会出现一个边框。此外，还会沿着蒙版边缘显示一条蓝色路径线。

2. 选择"直接选择工具"（A键），该工具与路径选择工具共享相同的工具空间（图7.18）。

3. 单击路径边以激活路径定位点。从锚点或连接锚点的路径段单击并拖动，以调整矢量蒙版的形状（图7.19）。

 视频7.3
创建和编辑矢量蒙版

扫码看视频

关于蒙版和Alpha通道

图层蒙版、矢量蒙版、Alpha通道、快速蒙版、剪切蒙版有什么区别? 从某种意义上说, 它们都是一样的: 图像覆盖显示图层的哪些部分是可编辑的, 哪些部分是蒙版的或受保护的, 不受编辑。另一件需要考虑的事情是, 如果您正在处理这些东西中的任何一个, 可以很容易地将其转换为其他任何东西。它们之间的差异如下。

· Alpha通道 (见第8章) 是一个将选择表示为灰度图像的通道 (图7.20)。Alpha通道独立于图层和颜色通道。可以将Alpha通道转换为选区或路径, 也可以从选区或路径转换为Alpha通道。Alpha通道本身不会改变图像的外观, 但会使您有可能这样做。一些文件格式, 如TIFF和PNG, 使用术语"Alpha通道"来指示哪些区域是透明的。

· 快速蒙版 (见第8章) 是一个临时蒙版, 可以创建它来限制绘画或对图层的特定区域进行其他编辑 (图7.21)。这是一个像素形式的选择; 使用绘制工具编辑快速蒙版, 而不是编辑选框。

· 图层蒙版是一个附着在特定图层上的Alpha通道 (图7.22)。图层蒙版控制图层的哪些部分被显示或隐藏。其缩略图位于"图层"面板中的图层缩略图旁边。图层蒙版缩略图周围的一个框表示它已被选中。

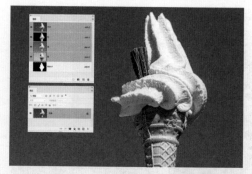

图 7.20 Alpha通道只是一个保存的选择方式

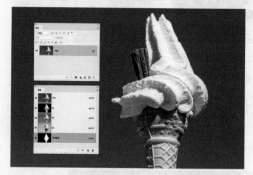

图 7.21 图像的蒙版部分显示为彩色叠加 (在本例中为红色)。在"快速蒙版"模式下,"通道"面板上会显示一个附加通道

图 7.22 Alpha通道和图层蒙版之间的唯一区别是后者附着在图层上

图 7.23 显示画笔路径的矢量蒙版(使用"路径选择"工具选择)。注意,蒙版区域在矢量蒙版缩略图上显示为灰色

图 7.24 将"图层1"作为剪切蒙版会隐藏该图层中位于下面图层形状之外的任何部分

- 矢量蒙版是由分辨率无关的矢量路径而非像素组成的蒙版(图7.23)。可以使用"画笔"或"形状"工具创建矢量蒙版。

- 当一个图层的内容按图层堆叠顺序(图7.24)遮蔽了另一图层或其上方的图层时,就会创建剪切蒙版(见第9章)。使用剪切蒙版可以基于另一图层定义一图层的形状,或者将调整限制在特定图层,而不是使其影响图层堆叠中下方的所有内容。剪切图层的缩略图是缩进的,箭头指向下面的图层。剪裁的基层的名称带有下画线。

使用蒙版创建简单构图

这里有一个简单的转折点: 蒙版不必由它们所附着的图层制成。

要将一个图层中的选择用作另一个图层的图层蒙版, 请执行以下操作:

1. 使用"快速选择"工具在一图层上进行选择, 即使是粗略的图层 (图7.25) 。

2. 在"图层"面板中选择一个不同的图层进行蒙版, 然后单击"添加图层蒙版"按钮 (图7.26) 。

3. 双击"图层蒙版"按钮, 打开"属性"面板, 根据需要微调"密度"和"羽化"参数 (图7.27) 。

图 7.25 以瀑布图层为目标, 使用"快速选择"工具对瀑布进行粗略选择, 然后执行"反转"命令 ("执行"→"反转"命令) , 以便选择除瀑布以外的所有对象

图 7.26 打开框架图层的可见性, 然后选择该图层并单击"添加图层蒙版"按钮

图7.27 要使水半透明并软化蒙版的边缘, 需降低"密度"并增加"羽化"

图 7.28 在"路径"模式下使用"矩形工具"可以创建矢量蒙版形状

图 7.29 为了使内部矩形穿过较大的矩形打出一个"洞"，请选择"排除重叠形状"选项

图 7.30 画两个矩形：一个在框架外，一个在框架内。

图 7.31 最终结果以及图层蒙版和矢量蒙版均显示在"图层"面板上

4. 使用矢量蒙版来隐藏框架周围和内部的白色区域。要创建矢量蒙版，请选择"矩形工具"并将工具模式更改为"路径"（图7.28）。

5. 从选项栏上的路径操作菜单中，选择"排除重叠形状"选项（图7.29）。

6. 在框架周围绘制一个外部矩形。从一个大小相近的矩形开始，然后从其角控制柄调整矩形的大小和旋转以匹配框架。重复此操作以绘制一个内部矩形（图7.30）。

7. 按住Ctrl/Command键并单击"添加图层蒙版"按钮，将矢量路径转换为矢量蒙版（图7.31）。

TIP 可以通过拖动将图层蒙版从一个图层移动到另一个图层。如果按住Alt/Option键，将复制蒙版。如果该图层上已经有一个蒙版，则会询问您是否要替换它。

视频 7.4
使用图层蒙版和矢量蒙版创建合成

扫码看视频

图层蒙版和调整图层

每次添加调整图层时（请参阅第9章）都会插入一个空白图层蒙版。如果在选择调整图层时有一个活动选区，则未选择的区域在生成的图层蒙版上将为黑色。如果在没有活动选区的情况下添加调整图层，则附加到该调整图层的图层蒙版将以白色开始，因此，在将其绘制为黑色或灰色以将调整限制在图像的特定部分之前，它不会有任何效果。

要将图层蒙版与调整图层一起使用，请执行以下操作：

1. 选择要调整的图像部分，然后单击"添加图层蒙版"按钮（图7.32）。根据想要的结果反转选择（按快捷键Ctrl+Shift+I/Command+Shift+I）。

2. 从"图层"面板底部的菜单中选择一个调整图层（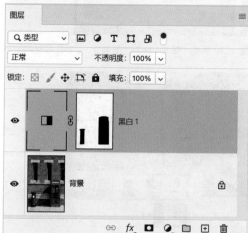）。

3. 如有必要，请选择一个绘制工具并在图层蒙版上绘制黑色或白色以细化蒙版。

TIP 如果调整要影响不到一半的图像，请用黑色填充图层蒙版，然后在图层蒙版上用白色绘制调整。

图 7.32 "对象选择"工具用于选择邮箱和电话亭。反转选择（执行"选择"→"反转"命令），然后选择黑白调整图层（执行"图层"→"新建调整图层"→"黑白"命令），使背景变为单色

图 7.33 在本例中，文档由两个图像图层组成

从前景（黑色）到透明　　　线性渐变

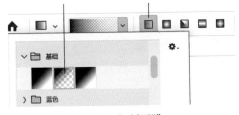

图 7.34 选项栏上的"渐变选择器"

图 7.35 通过多次滑动来构建渐变图层蒙版，以获得所需的结果

渐变图层蒙版

可以使用渐变图层蒙版来实现从一个图像到另一个图像的微妙过渡。

要应用渐变蒙版，请执行以下操作：

1. 创建一个具有两个或多个图像图层的文档（图7.33）。

2. 通过选择图层并单击"添加图层蒙版"按钮（）将图层蒙版添加到顶层。

3. 如有必要，按X键将前景色恢复为黑白。

4. 选择渐变工具。从渐变选择器中选择"从前景（黑色）到透明"渐变和"线性"渐变（图7.34）。

5. 确保选择了图层蒙版，多次滑动渐变工具（在这种情况下从右到左），以累积建立渐变图层蒙版（图7.35）。

▶　视频 7.5
使用渐变图层蒙版

扫码看视频

还可以将渐变图层蒙版与调整图层结合使用，以实现图像从调整部分到未调整部分的无缝过渡。当您想通过使图像的一侧变暗或变亮而使另一侧保持不变来固定图像的曝光时，这一点尤其有用。

要将渐变蒙版应用于调整图层，请执行以下操作：

1. 添加一个曲线调整图层（图7.36）。

2. 从阴影区域向上拉曲线以增加曝光量（图7.37）。

3. 要将图像的一部分（在本例中为天空）恢复到调整前的状态，请在"曲线"调整附带的图层蒙版上使用"从前景（黑色）到透明"渐变：选择图层蒙版，然后从顶部向下拖动图像的一半。如有必要，也可以使用渐变工具进行多次滑动，以累积构建渐变图层蒙版（图7.38）。

图 7.36 这张照片有意曝光不足，以增强日出的强度

图 7.37 拉起曲线会增加光线，提高图像下三分之二的曝光率，但同时会导致天空曝光过度

图 7.38 若要恢复天空，将"从前景（黑色）到透明"渐变添加到图层蒙版中，从图像顶部拖动。在渐变为黑色的情况下，它可以保护图层不受曲线调整的影响

图 7.39 图层蒙版已禁用

图 7.40 观看同一事物的不同方式：应用图层蒙版的图像（左）；查看蒙版本身（右）

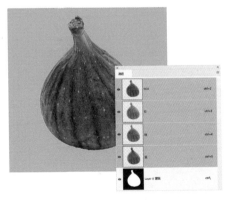

图 7.41 将图层蒙版视为颜色覆盖

TIP 将蒙版视为颜色覆盖时，蒙版颜色对图层的蒙版区域的保护方式没有影响。

管理图层蒙版

以下是一些管理图层蒙版的基本技巧。

编辑时，可以在有蒙版和没有蒙版的图层之间来回切换，这很有用。同样，通过以灰度级或图层上的颜色覆盖来查看图层蒙版，有时更容易理解和编辑图层蒙版。您可以根据需要经常切换这些视图。

要禁用或启用图层蒙版，请执行以下操作：

1. 若要查看不带蒙版的图层，请按住Shift键并单击"图层"面板中的蒙版缩略图。当一个红色的"✕"出现在蒙版缩略图上时，所有层的内容都可见（图7.39）。

2. 按住Shift键并再次单击以启用蒙版。

要将蒙版视为灰度，请执行以下操作：

1. 按快捷键Alt/Option键单击图层蒙版缩略图以仅查看灰度蒙版（图7.40）。

2. 按Alt/Option键再次单击图层蒙版缩略图以查看图层。

要将蒙版视为彩色覆盖，请执行以下操作：

1. 按Alt/Option+Shift单击图层蒙版缩略图以将蒙版视为颜色覆盖。或者，打开"通道"面板，然后单击图层蒙版旁边的眼睛图标（图7.41）。

2. 如果需要更改图层蒙版颜色，可能是为了与图像中的颜色形成更大的对比度，请双击"通道"面板中的图层蒙版通道，然后在"图层蒙版显示选项"对话框中选择新的蒙版颜色。

要应用或删除图层蒙版，请执行以下操作：

1. 若要永久应用图层蒙版，请右击图层蒙版缩略图，然后在弹出的快捷菜单中选择"应用图层蒙版"选项。注意，任何被图层蒙版覆盖的像素都会被永久删除，除非撤销操作，否则无法恢复。

2. 要在不应用更改的情况下删除图层蒙版，请右击图层蒙版缩略图，然后在弹出的快捷菜单中选择"删除图层蒙版"选项（图7.42）。

图 7.42 执行"删除图层蒙版"命令会将图层恢复到其未蒙版状态

蒙版属性

"属性"面板（图7.43）是调整"密度"（"不透明度"）、应用于选定层蒙版或矢量蒙版边缘的"羽化"量等的位置。

· "密度"可以无损地控制蒙版"不透明度"。"密度"为100%时，蒙版是不透明的，并隐藏了图层的任何下层区域。降低"密度"会显示出蒙版下的更多区域。

· "羽化"会模糊蒙版的边缘，以在蒙版区域和未蒙版区域之间创建更柔和的过渡。"羽化"从蒙版边缘向两边进行。

· 也可以将两个"优化"选项应用于图层蒙版。

· 单击"选择和遮住"按钮修改蒙版边缘，也可以在不同背景下查看蒙版。默认情况下，更改将输出到新的蒙版。

· 单击"颜色范围"按钮可以细化蒙版。您创建的"颜色范围"将与蒙版的已选定部分相交，这意味着您最终将看到比以前更少的图层。

"反相"按钮可反转白色和黑色。使隐藏区域变得可见，反之亦然。

图 7.43 双击图层蒙版以显示"属性"面板

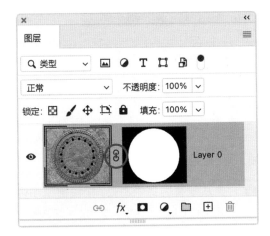

图 7.44 图层和蒙版之间的链接

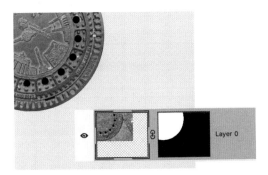

图 7.45 当一个图层及其蒙版链接时，两者都会一起移动或变换

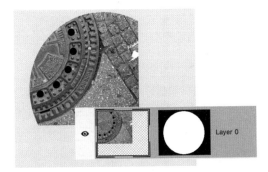

图 7.46 如果未链接，则可以独立移动蒙版或图层

链接的图层和蒙版

默认情况下，一个图层或组链接到其图层蒙版或矢量蒙版，您将在"图层"面板中看到缩略图之间的"链接"图标（图7.44）。当移动或变换（缩放、旋转等）图层或蒙版时，图层和蒙版一起移动或变换（图7.45）。取消图层与蒙版的链接可以使蒙版的边界与图层分开移动（图7.46）。

要取消图层和蒙版的链接，请执行以下操作：

- 单击"链接"图标以链接/取消链接图层及其蒙版。

从蒙版中选择

有时，您会希望从现有蒙版中激活一个选择。这很容易，因为您一开始就已经完成了制作蒙版的工作。

要从蒙版创建选择，请执行以下操作：

执行以下操作之一：

- 如果选择了带有蒙版的图层，请执行"选择"→"载入选区"命令。蒙版将出现在可进行选择的通道列表中。"载入选区"对话框还提供了"反相"或将其与现有选区相加、相减或相交的功能（图7.47）。

- 按住Ctrl/Command键，然后单击蒙版缩略图以创建选区。

- 若要将选定内容添加到现有选定内容中，按快捷键Shift+Ctrl/Command单击蒙版缩略图。

图 7.47 "载入选区"对话框

- 若要从现有选择中减去，按快捷键Alt/Option+Ctrl/Command单击蒙版缩略图。

- 若要与现有选择相交，按快捷Alt/Option+Shift+Ctrl/Command单击蒙版缩略图。

图层蒙版快捷方式

使用图层蒙版时，可以更改几个变量：前景色、画笔大小、画笔硬度和"不透明度"。熟悉快捷方式，能更快、更轻松地工作。

- 禁用/启用蒙版：按住Shift键并单击蒙版缩略图。

- 仅查看蒙版：按住Alt/Option键单击蒙版缩略图。

- 将蒙版视为颜色覆盖：按快捷键Alt+Shift并单击/按快捷键Option+Shift并单击蒙版缩略图。

- 切换前景/背景颜色：X键。

- 将前景/背景颜色恢复为默认的黑白：D键。（如果选择了图层蒙版，则默认的前景/背景色将反转。）

- 更改画笔大小：[键变小；]键增大。

- 要更改画笔硬度：按快捷键Shift+[以25%的增量变软；按快捷键Shift+]以25%的增量变硬。

- 在图层蒙版上以小于100%的"不透明度"进行绘制是实现透明度效果的好方法。画笔的"不透明度"越高，它显示或隐藏的内容就越多。要更改画笔"不透明度"，则按数字键：1表示10%，5表示50%，0表示100%，以此类推。

- 按快捷键Ctrl/Command+\可以访问选定图层的图层蒙版。

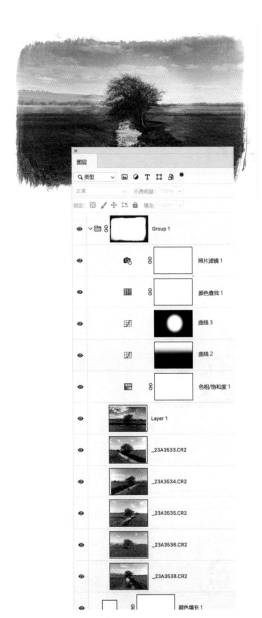

蒙版组

蒙版既可以应用于图层组，也可以应用于各图层。如果希望多个图层受到同一蒙版的影响，而不是将同一图层蒙版复制到多个图层，请将这些图层放在一个组中并蒙版该组。

要蒙版一组图层，请执行以下操作：

1. 选择要蒙版的图层，然后单击"图层"面板底部的"组"按钮，（▢）将它们添加到组中。

2. 在选定"组"的情况下，进行一个选择以用作蒙版，或激活已保存的选择。

3. 单击"添加图层蒙版"按钮（图7.48）。

组中的每个图层也可以有自己的蒙版。这就是如何绕过一个图层只能有一个图层蒙版和一个矢量蒙版的限制。即使组中只有一个图层，这也能起作用。

图 7.48 对象的几次曝光（从略微不同的角度）通过图层"混合模式"和调整图层的组合进行混合。然后，组合的结果被粗糙边缘的帧屏蔽，该帧作为图层蒙版应用于组

智能对象上的蒙版

将图层蒙版应用于智能对象的内容，而不是智能对象本身，有其优缺点。应用于智能对象的蒙版不会像智能对象的内容那样受到破坏性编辑的保护（图7.49）。如果重复应用变换，蒙版可能会降级。另一方面，当您将蒙版应用于智能对象，而不是应用于其内容时，蒙版在"图层"面板中是可见的，这使得这种方法成为一种更灵活的工作方式（图7.50）。如果智能对象包含多个图层，这一点尤其正确；智能对象上的蒙版会屏蔽其中的所有内容。（有关智能对象的详细信息，请参阅第14章。）

如果要在应用图层蒙版的情况下制作图层的智能对象，但要继续处理该图层蒙版，请执行以下操作。

要将蒙版添加到智能对象，请执行以下操作：

1. 按住Ctrl/Command键单击图层蒙版缩略图，激活图层蒙版中的选择。

2. 在图层蒙版缩略图上右击，然后在弹出的快捷菜单中选择"删除图层蒙版"选项，以删除图层蒙版而不应用它。

3. 右击图层缩略图，在弹出的快捷菜单中选择"转换为智能对象"选项。

4. 单击"添加图层蒙版"按钮，将活动选区转换为智能对象的图层蒙版。

TIP 与常规图像图层不同，删除图层蒙版时，不能将图层蒙版永久应用于智能对象。

图 7.49 如果先添加蒙版，然后转换为智能对象，则图层蒙版将不可见或不易编辑

图 7.50 首先将图层转换为智能对象，然后添加图层蒙版，以便在编辑文件时为自己提供更多选项

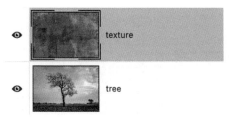

图 7.51 该合成对象由两个图层组成

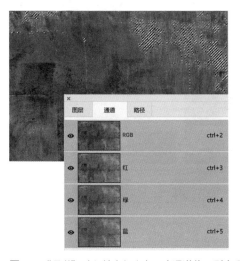

图 7.52 "通道"面板,其中复合(RGB)通道位于列表顶部

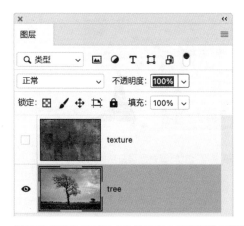

图 7.53 隐藏纹理图层,同时保留从RGB通道进行的选择

亮度蒙版

亮度选择与图像中的亮度成比例。区域越亮,被选择的区域就越多。当您根据这样的选择创建图层蒙版时,它将是图像的灰度版本,隐藏较暗的部分,并显示较亮的部分。这对于将纹理与图像相结合非常有用。

要制作亮度蒙版,请执行以下操作:

1. 创建一个包含两个图层或更多图层的文档。

2. 在这种情况下,选择顶层,即将从中创建蒙版的纹理(图7.51)。

3. 转到"通道"面板,然后按Ctrl/Command键单击RGB通道以选择图像的灰度值。您将在图像上看到"行进的蚂蚁线"(图7.52)。

4. 返回到"图层"面板,隐藏纹理图层的可见性,然后选择下面的图层(图7.53)。

5. 在选区仍然处于活动状态的情况下，单击"添加图层蒙版"按钮（图7.54）。

6. 在图层堆栈的底部创建一个纯色填充图层（图7.55）。

7. （可选）选择图层蒙版，然后按快捷键Ctrl/Command+L调出"色阶"对话框。将中点滑块向左移动以降低对比度（显示更多图像），或向右移动以增加对比度（隐藏更多图像）（图7.56）。

视频 7.6
创建亮度蒙版
扫码看视频

图 7.54 第一次添加图层蒙版时，它可能会使图像褪色（蒙版）过多

图 7.55 下面的纯色（在这种情况下是白色）填充图层将使图像更有存在感——对于不同的效果，使用不同的颜色进行实验

图 7.56 使用"色阶"调整图层蒙版的对比度

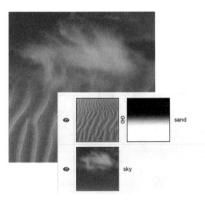

图 7.57 应用于顶层（沙子）的渐变蒙版显示了下面图层（天空）的一部分

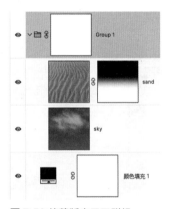

图 7.58 将蒙版应用于群组

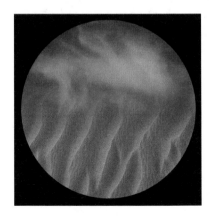

组合图层蒙版和矢量蒙版

如果有多个应用了图层蒙版的图层，则可以使用矢量蒙版去影响这些图层的累积效果。

要使用矢量蒙版影响多个图层，请执行以下操作：

1. 创建一个由两个图层组成的文档，并在顶层应用渐变蒙版，露出下面图层的一部分（图7.57）。

2. 选择图层，然后按快捷键Ctrl/Command+G将它们放在一个组中。

3. 单击新创建的组使其处于活动状态，然后按Ctrl/Command键单击"添加图层蒙版"按钮（图7.58）。

4. 在"路径"模式下使用椭圆工具绘制时，在矢量蒙版上绘制一个圆（图7.59）。

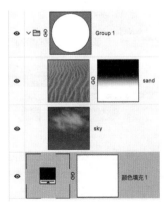

图 7.59 在矢量蒙版上使用椭圆工具绘制，以蒙版组的内容显示下面的颜色填充层

通常不需要这样做，但可以将图层蒙版和矢量蒙版都附加到单个图层。（只需单击"添加图层蒙版"按钮两次。）

或者，如果要将不同质量的蒙版边缘添加到图像的不同部分，可以复制图层，将图层蒙版添加到一个副本，将矢量蒙版添加到另一个副本。

要将矢量和图层蒙版应用于同一图层的副本，请执行以下操作：

1. 在图层中添加一个矢量蒙版（图7.60中的圆圈）。

2. 按快捷键Ctrl/Command+J复制图层（图7.61）。

3. 从顶层删除矢量蒙版，并将其替换为图层蒙版（围绕叶子的形状）（图7.62）。

4. 根据需要使用"属性"面板调整图层蒙版的"羽化"值。

图 7.60 圆形矢量蒙版将显示下面的颜色填充层

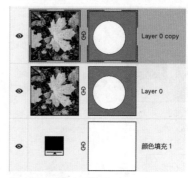

图 7.61 复制叶子图层

图7.62 图层蒙版为叶子提供了一个更柔软、更有机的边缘，矢量蒙版则提供了边缘锋利的封闭圆

8

高级选择工具

有些选择既快速又简单看起来就像魔术；有些则需要时间和耐心。有时您所需要的只是一个粗略的选择；有时您需要一个煞费苦心的准确选择。这一切都取决于图像的数量及质量和您要实现的目标。

本章探讨更高级的选择技术，例如如何使用"色彩范围"和"选择和蒙版"工作区来创建和保存更细微的选择。您将了解如何自动识别和选择图像的主体或图像中的不同对象，以及如何选择图像的对焦区域。

本章内容

选择色彩范围   122

使用选择主体   124

使用对象选择工具   124

使用选择并遮住   126

替换天空   129

使用选择焦点区域   131

使用快速蒙版   132

保存选择（Alpha通道）   134

选择色彩范围

使用"色彩范围"，可以在现有选择或整个图像中选择指定的色彩或色彩范围。"色彩范围"允许部分选择像素，就像在灰色的蒙版上绘制一样。

要选择色彩范围，请执行以下操作：

1. 执行"选择"→"色彩范围"命令。

2. 从"选择"菜单中选择"取样颜色"选项。

3. 使用吸管单击以获取中的色彩。每次单击都会进行新的选择，在预览区域中以白色和灰色显示（图8.1）。

4. 使用以下任意选项来细化选择：

   ▶ 若要添加色彩，请按住Shift键（或选择"加号"吸管），然后单击。

   ▶ 若要删除色彩，请按住Alt/Option键（或选择"减号"吸管），然后单击。

   ▶ 调整颜色容差滑块：这与魔棒的"容差"设置类似。低值限制色彩范围；值越高，"容差"越大。

   ▶ 勾选"本地化颜色簇"复选框，以确定色彩必须离要选择中的取样点有多近或多远。缩小范围以排除与所选色彩相距更远的色彩。

   ▶ 勾选"反相"复选框以反转生成的选择。

   ▶ "选区预览"中的选项用来确定所做的选择在图像本身上的显示方式。一般选择"无"选项，也可以选择"灰度""黑色杂边""白色杂边"和"快速蒙版"选项。

图 8.1 通过从图像中取样色彩来选择"色彩范围"

图 8.2 使用色彩范围选择肤色

使用"色彩范围"还可以选择肤色和检测人脸。如果要在调整图像中其他所有内容的颜色时保留肤色，请勾选吸管取样器下方的"反相"复选框。

要选择肤色，请执行以下操作：

1. 执行"选择"→"色彩范围"命令。

2. 选择肤色（图8.2）。

3. 勾选"检测人脸"复选框，然后调整"颜色容差"滑块。

TIP 要更改预览，请选择一个显示选项："选择"以白色（选定区域）、黑色（未选定区域）和灰色（部分选定区域）预览所选内容，或"图像"以预览整个图像。

TIP 按Ctrl/Command键可在"色彩范围"对话框中的"图像"预览和"选择范围"预览之间切换。

TIP 如果提示"没有超过50%的像素被选中"，返回到图像时，"行进的蚂蚁线"将不可见。

使用选择主体

"选择主体"可以通过单击选择图像中最突出的主体。虽然它不太可能让您得到想要的东西，但这是一个很好的起点（图8.3）。然后您可以使用其他工具来完善您的选择。

要使用"选择主体"：

执行以下操作之一：

- 选择"对象选择""快速选择"或"魔棒"工具，然后单击选项栏上的"选择主体"按钮。
- 执行"选择"→"主体"命令。
- 在"选择并遮住"工作空间中，单击选项栏上的"选择主体"按钮。

 视频 8.1
选择色彩范围

扫码看视频

图 8.3 "选择主体"错误地假设我们希望顶部的叶子包含在选择中，但我们可以很容易地从活动选择中减去它来细化结果

使用对象选择工具

如果图像中的对象定义清晰，则只需单击即可选择它们。在"工具"面板和"选择并遮住"工作区中，"对象选择"工具与"魔棒"和"快速选择"工具共享相同的工具空间。这对于选择图像中的单个对象或对象的一部分很有用。

当在选项栏上选中对象查找程序时，对象选择工具会自动检测图像中的对象（图8.4）。将光标移动到检测到的对象上，会看到半透明覆盖（默认为蓝色）。单击要选择的对象。如果在选项栏上单击"显示所有对象"按钮（![icon]），则半透明覆盖将覆盖所有可识别的对象。

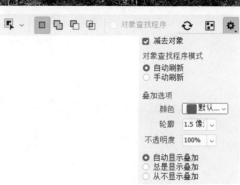

图 8.4 "对象选择"选项控制"对象选择"工具的行为

图 8.5 在选项栏上为"对象选择"工具选择一种模式

图 8.6 将光标悬停在对象上，然后单击以将其选中

要使用"对象选择"工具选择对象，请执行以下操作：

执行以下操作之一：

- 绘制一个"套索"或"矩形"围绕对象（图 8.5）。"对象选择"工具选择定义区域内的对象。

- 将光标悬停在一个定义明确的对象上，直到它被一个颜色覆盖，然后单击（图8.6）。

选择主体与对象选择

"选择主体"和"对象选择"工具有什么区别？"选择主体"选择图像中的所有主要主体，而"对象选择"工具允许在具有多个对象的图像中选择一个对象或对象的一部分（图8.7）。

图 8.7 "选择主体"选择三个松果（注意"行进的蚂蚁线"）。若要只选择一个，请使用"对象选择"工具拖动选取框

要为选定对象创建蒙版，请执行以下操作：

- 要为图像中的所有可识别对象创建蒙版，请从"图层"菜单或"图层"面板菜单中选择"遮住所有对象"选项。为每个对象创建附加到图层组的单独图层蒙版（图8.8）。

TIP 按N键可打开或关闭"显示所有对象"选项。

图8.8 自动为图像中所有已识别的对象创建蒙版

使用选择并遮住

"选择并遮住"工作区是一个功能强大的专用工作区，用于进行精确的选择和遮住。无论在进入"选择并遮住"工作区之前进行粗略选择，还是在"选择和遮住"工作区从头开始，都取决于自己的选择。

要使用"选择并遮住"工作区，请执行以下操作：

1. 使用"选择主体""对象选择"工具或基本选择工具进行粗略选择。

2. 单击"选择并遮住"按钮以进入"选择并遮住"工作区。（或者，跳过步骤1，完全在"选择并遮住"中进行选择。）

3. 使用"选择并遮住"工具（图8.9）进行任何必要的调整。这些工具的工作方式与Photoshop工作区相同：使用"快速选择"工具单击或单击拖动，使用"画笔"工具在"添加"或"减去"模式下绘制，并使用"调整边缘画笔"工具调整边界区域（对细微区域和精细细节有用）。

图 8.9 "选择和遮住"工具。"快速选""画笔""对象选择"和"套索"工具是"硬边"工具。在需要完全不透明或完全透明的区域使用这些选项。对于具有半透明或过渡细节的区域，请使用"调整边缘画笔"工具

图 8.10 查看相同信息的不同方式:选择了什么和未选择什么

按F键循环切换视图
按X键暂时停用所有视图

图 8.11 确定选择边框的大小

图 8.12 使用"全局调整"滑块微调选择边。将滑块相互配合使用。一般数字越小,效果越好

4. 调整"属性"面板中的"视图模式"设置,以帮助您微调选择 (图8.10)。"视图模式"允许您在"颜色感知" (最适合于对比色背景下的简单对象) 或"对象感知"模式 (最适合更复杂的选择) 下工作 (图8.11)。

5. 选择边缘检测设置: 半径适用于边缘均匀的对象; 为尖锐的边缘选择较小的半径,为较模糊的边缘选择较大的半径。"智能半径"会改变周围边界的宽度,有助于非均匀边缘,例如在肖像中,头发的边缘质量可能与肩部不同。

6. 移动"全局调整"滑块以调整选择边 (图8.12): 平滑 (减少凸起)、羽化 (模糊)、对比度 (锐化) 或移动边缘 (将边界移动到选择的内部或外部,有效地收缩或扩展选择)。

7. 选择一个"输出到"设置 (图8.13)。打开后,"净化颜色"选项将用附近像素的颜色替换彩色边缘。因为它会更改边缘像素的颜色,所以需要输出到新的图层或文档。

8. 单击"确定"按钮离开"选择并遮住"工作区并返回Photoshop主界面。

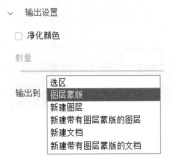

图 8.13 选择退出"选择并遮住"工作区时选择的内容

TIP 按F键循环浏览视图模式；按X键可暂时禁用它们。

TIP 启用"显示边缘"进行"边缘检测"（并禁用"显示原稿"）时，可以看到"半径"设置所影响的边的宽度。您还可以看到"调整边缘画笔"工具和"调整细线"按钮产生的边修改。

TIP 尽管全局"羽化"和"对比度"设置似乎是相反的，但将两者都应用于边缘是很常见的。

TIP 使用"移动边缘"稍微向内移动边界可以帮助去除选择边上的流苏。

要用飘散的头发遮住对象，请执行以下操作：

1. 在"选择并遮住"工作区中选择"选择主体"选项。

2. 选择一个显示选择边的"视图"模式。"最佳"模式取决于图像中的颜色，例如，选择白底。

3. 选择"对象识别"作为"调整"模式。

4. 单击"调整曲线"以排除头发围绕的任何负空间。如果需要进一步细化，请使用"调整边缘画笔"工具在这些头发上进行绘制（图8.14）。

视频 8.2
使用选择并遮住

扫码看视频

图 8.14 "选择并遮住"工具使遮住头发变得容易

替换天空

如果拍完照片回来，照片中的天空有点平淡或被破坏，可以用"天空替换"来增加戏剧效果。

1. 执行"编辑"→"天空替换"命令。

2. 从预设中选择一个新的天空，或者添加自己的图像。Photoshop选择并遮住原始图像的天空，以显示其所在位置的新天空（图8.15）。

图 8.15 替换被破坏的天空和由此产生的图层

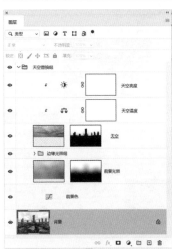

3. （可选）调整"移动边缘"以移动天空和原始照片之间的边界，或调整"渐隐边缘"以调整沿该边缘的羽化量。

4. （可选）若要进一步细化天空，请调整"亮度""色温""光照"模式（使用"混合模式"）、"照明调整"（原始图像在混合边缘的曝光）或"颜色调整"（前景与天空颜色的匹配方式）。

5. 选择首选项的"输出"设置（选择"新图层"创建名为"天空替换组"的层组，选择"复制图层"选项输出扁平图层），然后单击"确定"按钮。

TIP 使用"缩放"工具调整天空图像的大小，然后选择"翻转"选项以水平翻转。

 视频 8.3
替换天空

 扫码看视频

添加您自己的天空

虽然我们生活在同一片天空下，但我们不希望所有的天空看起来都一样。Photoshop为用户提供了如下选项。

· 通过"导入图像"，可以从自己的图像创建新的天空预设。

· 通过"导入预设"，可以从天空文件导入天空预设。

· 获取更多天空背景可以访问Adobe Discover网站，在那里可以下载更多免费图像或预设（图8.16）。

图 8.16 可以使用的"天空"是无限的

图 8.17 复制图层并命名副本

图 8.18 在"焦点区域"对话框中选择设置

使用选择焦点区域

选择聚焦区域可以选择图像的聚焦部分。例如，可以选择图像的聚焦部分，然后反转选择散焦图像的其余部分，以将注意力吸引到聚焦区域。

要使用"选择焦点区域"：

1. 要使结果无损，请复制正在处理的图层（按快捷键Ctrl/Command+J）并命名副本（图8.17）。

2. 在副本层上执行"选择"→"焦点区域"命令。

3. 使用"焦点区域添加"和"焦点区域减去"工具并通过调整"焦点对准范围"滑块来优化选择。滑块为0时，将选择整个图像。向右移动滑块，只有图像的聚焦部分保持选中状态。

4. （可选）执行"高级"→"图像杂色级别"命令来控制图像中的任何杂色。

5. 如果要使选择的边顺滑，请选择"软化边"选项。也可以单击"选择并遮住"按钮以进一步细化选择。

6. 选择一个适当的输出选项，该选项与"选择并遮住"工作区中的输出选项相同。这里选择了"图层蒙版"选项（图8.18）。

7. 返回到"背景"图层，执行"滤镜"→"模糊"→"镜头模糊"命令，并根据自己的喜好调整设置（图8.19）。

图8.19 将模糊应用于"背景"图层

使用快速蒙版

快速蒙版介于选择和Alpha通道之间。与选择一样，快速蒙版在不使用时会消失；像Alpha通道一样，透明的颜色覆盖表示图像的蒙版区域。快速蒙版通道显示在"通道"面板中，但仅当它处于活动状态时才会显示。您可以使用绘制工具或过滤器编辑快速蒙版的形状。在进行复杂的选择时，使用快速蒙版上的绘制工具可以比使用基本选择工具更准确。

快速蒙版的特点是快速和暂时。将选择转换为"快速蒙版"以使用绘制工具对其进行细化，然后在完成后将其转换回选择。然后可以将其另存为Alpha通道或图层蒙版。快速蒙版不提供其他地方找不到的选择，但有些人觉得它们更方便。

从基本选择开始，然后在"快速蒙版"模式下对其进行细化。如果愿意，可以完全在"快速蒙版"模式下创建遮罩。彩色覆盖区分了受保护区域和未受保护区域。离开"快速蒙版"模式时，颜色覆盖将成为活动选择。

图8.20 创建快
速蒙版

要应用快速蒙版，请执行以下操作：

1. 使用任何选择工具进行选择。

2. 单击工具面板底部的"快速蒙版模式"按钮（Q）（图8.20）。

3. 选择一个绘制工具。前景和背景颜色自动变为黑色和白色。

4. 用白色绘制以从颜色覆盖中移除并添加到图像的选定部分。用黑色绘制以添加到颜色覆盖并取消选择区域。使用灰色或其他颜色绘制以创建半透明区域，这对于软化边很有用。

5. 单击"标准模式"按钮或按Q键返回原始图像。"行进的蚂蚁线"围绕着快速蒙版的未受保护区域。

快速蒙版提示

默认情况下，"快速蒙版"模式使用50%的红色覆盖来说明受保护区域。如果您需要使蒙版相对于图像中的颜色更加可见，可以通过双击"快速模式"按钮来更改颜色和百分比（图8.21）。

要在颜色指示选定区域或蒙版区域之间切换，按住Alt/Option键单击"快速蒙版模式"按钮。这些设置只影响蒙版的外观，不会影响底层区域的保护方式。

虽然半透明区域在退出"快速蒙版"模式时可能不会显示为选中状态，但实际上是选中的。"行进的蚂蚁线"的选择在小于50%的像素和大于50%的像素之间转换。

当处于"快速蒙版"模式时，"通道"面板中会显示一个临时的快速蒙版通道，当返回到标准模式时，该通道会消失。如果要将此临时蒙版转换为已保存的Alpha通道，请切换到"标准"模式，然后执行"选择"→"存储选区"命令。

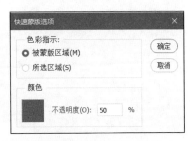

图 8.21 选择快速蒙版的显示方式

保存选择（Alpha通道）

在花时间进行选择后，如果想保存它，以便以后回忆，可以将任何选择另存为Alpha通道。Alpha通道与文档一起保存为潜在选项，可以根据需要加载这些选项。一个典型的Alpha通道看起来像一个模板，白色区域表示选择了什么，黑色区域表示未选择或屏蔽了什么。

因为Alpha通道是灰度图像，所以可以像使用绘制工具、编辑工具和过滤器编辑任何其他图像一样对其进行编辑。用灰色绘制会创建半透明区域。

要将所选内容保存到新通道，请执行以下操作：

1. 使用任何"选择"工具进行选择。

2. 在"通道"面板上，单击面板底部的"将选区另存为通道"按钮。这将创建一个名为Alpha 1、Alpha 2等的新Alpha通道。您可以双击通道名称对其进行重命名（图8.22）。

图 8.22 单击"将选区存储为通道"按钮将活动选区转换为已保存的Alpha通道

图 8.23 有关更多选项，请使用"存储选区"对话框

要将所选内容保存到现有通道，请执行以下操作：

1. 执行"选择"→"存储选区"命令。

2. 在"存储选区"对话框（图8.23）中，从文档菜单中选择要进行选择的目标图像。默认情况下，所选内容保存在活动图像中。大多数情况下这是您想要的，但您也可以将选择保存为另一个图像中的通道，只要它是打开的并且具有相同的像素尺寸。

3. 为"通道"菜单中的选择指定目标通道：选择将保存到选定图像中的现有通道，或者如果图像包含图层，则保存到图层蒙版。将所选内容保存到现有通道时，请选择是替换现有通道、添加到现有通道、从现有减去还是与现有通道相交。

要从头开始创建Alpha通道，请执行以下操作：

1. 单击"通道"面板底部的"新建通道"按钮。

2. 在新通道上绘制蒙版图像。

TIP 按Alt/Option键单击"通道"面板底部的"新建通道"按钮，以更改蒙版的颜色和"不透明度"，以及颜色是否指示蒙版区域或选定区域。要更改现有通道的这些选项，请从"通道"面板菜单中选择通道选项，或双击"通道"窗格中的通道缩略图。

要加载已保存的选区，请执行以下操作：

执行以下操作之一：

- 将保存的选区（Alpha通道）拖动到"将通道作为选区载入"按钮上（ ⬚ ）。

- 按住Ctrl/Command键单击包含要加载的选区的通道。

- 选择Alpha通道，单击"通道"面板底部的"将通道作为选区载入"按钮，然后单击合成颜色通道。

要组合选择：

执行以下操作之一：

- 按快捷键Ctrl/Command+Shift单击通道以添加到现有选区中。

- 按快捷键Ctrl+Alt并单击/按快捷键Command+Option并单击要从现有选区中减去的通道。

- 按快捷键Ctrl+Alt+Shift并单击/按快捷键Command+Option+Shift并单击通道缩略图以加载保存的选区和现有选区的交集。

- 执行"选择"→"载入选区"命令，然后在"载入选区"对话框中指定"源"选项。如果图像已经激活了一个选区，请选择如何组合这些选区（图8.24）。

图 8.24 加载已激活的选区

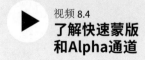

视频 8.4
了解快速蒙版和Alpha通道

扫码看视频

调整图层和图像调整

使用调整图层，可以对图像应用颜色和色调调整，而无须永久更改其像素值。调整图层是无损的、可连续编辑的，并且几乎不会增加图像的文件大小。与通过执行"图像"→"调整子菜单"命令进行的"静态调整"不同，调整图层保持可编辑状态。更重要的是，您可以通过编辑蒙版来隐藏图像区域中的图层效果，还可以重新堆叠、隐藏和删除调整图层，以及在文件之间拖动复制它们。您可以随时放弃更改并返回到原始图像。

本章内容

调整和填充图层	138
亮度/对比度调整	140
色阶调整	140
曲线调整	145
使用通道混合器	149
导出颜色查找表	150
使用剪贴蒙版限制调整	152
使用色相/饱和度调整图层	153
调整色彩平衡	156
自然饱和度调整	157
使用照片滤镜	157
应用黑白调整图层	159
使用渐变映射调整图层进行着色	160
使用可选颜色调整图层更改颜色	161
使用填充图层	163
评估图像	164
使用阴影/高光	166

调整和填充图层

您可以很容易地找到调整图层：

- 在"调整"面板中单击调整图标。
- 在"图层"面板的底部打开"调整图层"菜单。
- 在菜单中执行"图层"→"新建调整图层"命令（图9.1）。

调整图层带有一个图层蒙版，它以空（白色）开始，这意味着调整应用于它下面的所有图层。下面的部分详细介绍了使用特定类型的调整图层，侧边栏"使用调整图层更改图像"提供了适用于所有调整图层的提示概述。

TIP 如果要将调整应用于少于50%的图像，请从黑色蒙版开始（单击"属性"面板上的"反相"按钮或执行"编辑"→"填充，使用: 黑色"命令），然后在调整图层的蒙版上以白色绘制来显示调整。

TIP 如果需要不带蒙版的调整图层，请在"调整"面板中取消勾选"默认情况下添加蒙版"选项。

图 9.1 "调整"面板列出了所有可用的调整图层，按主题分为三大类：色调、颜色和像素（从反相开始）。同类调整图层以图标形式显示在面板中

使用调整图层更改图像

调整图层是无损的, 所以您可以随时尝试设置并重新编辑调整。以下是一些从调整图层中获得最大收益的技巧。

· 通过在"图层"面板中降低调整图层的"不透明度"来减少调整图层的效果。

· 通过切换"属性"面板 (图9.2) 或"图层"面板中的可见性图标,显示/隐藏调整图层的效果。

· 通过单击并按住"属性"面板底部的"查看上一个状态"按钮(●)) 或按住\键,然后松开鼠标左键,可以关闭和打开最近的编辑。

· 通过单击"复位到调整默认值"按钮(↻),将默认设置恢复到调整图层,恢复上次选择的设置。再次单击该按钮可恢复该调整类型的默认设置。

· 通过在调整图层的蒙版上绘制, 将调整限制为图像的一部分。

· 通过从选择开始, 使用特定形状的蒙版创建新的调整。添加调整图层时, 会选择使用图层蒙版限制新的调整。

· 通过从路径开始创建新的调整, 然后按Ctrl/Command键单击"添加图层蒙版"按钮。该路径使用矢量蒙版限制新的调整。

· 通过单击"调整"面板上的"剪切到图层"按钮 ↙▢) 将调整图层的效果限制在其正下方的图层。调整图层将缩进, 并且基础图层名称带有下画线。或者, 按Alt/Option键单击调整图层与其下方的图层之间的线。

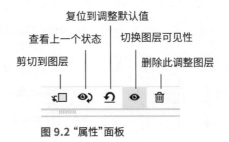

图 9.2 "属性"面板

进行亮度/对比度调整

在亮度/对比度调整图层的"属性"面板中，向右移动"亮度"滑块可使图像中的高光变亮；向左移动滑块会使阴影变暗。同样，向左移动"对比度"滑块可减少对比度，向右移动可增加对比度。"亮度"的值范围为-150~150，"对比度"的值范围为-50~100。

"正常"模式下，调整是成比例（非线性）的，如水平和曲线调整。如果勾选"使用旧版"复选框，则在调整"亮度"时，所有像素值都会上移或下移。这可能会导致高光或阴影区域的图像细节被剪切或丢失，因此不建议用于摄影图像（图9.3）。

图9.3 "亮度"和"对比度"调整图层

进行色阶调整

与"曲线"一样，"色阶"也是编辑图像色调和颜色最有用的调整工具之一。"色阶"的主要优点是它可以提供图像的直方图。调整"色阶"直方图时，请注意这些更改如何影响"直方图"面板上直方图的外观。

要使用"色阶"调整色调和颜色，请执行以下操作：

1. 要增加图像的"对比度"，请将"黑白输入级别"滑块拖动到直方图任一端第一组像素的边缘。向左移动"白色"滑块以使高光变亮；将"黑色"滑块向右移动以使阴影变暗（图9.4）。

   "黑色"滑块左侧的像素变为黑色；"白色"滑块右侧的像素变为白色。例如，如果在级别10处向右移动"黑色"滑块，则级别10及以下的所有像素都将映射到级别0。同理，如果在级别240向左移动白色滑块，则级别240及更高级别的所有像素都映射到级别255。每个通道中的像素按比例进行调整，以避免颜色平衡发生偏移。

2. （可选）要识别图像中要剪贴的区域（完全黑色或完全白色），请在向左拖动"白色"滑块时按住Alt/Option键。当第一个区域显示彩色或白色时释放鼠标；这些像素被赋予最浅的色调值。

3. （可选）要查找图像中最暗和/或最亮的像素，请按住Alt/Option键，然后向右拖动"黑色"滑块或向左拖动"白色"滑块。最先出现的彩色或黑色/白色区域是图像中最暗/最亮的像素。或者，从面板菜单中选择"显示黑白场的修剪"选项。将"黑色"和"白色"滑块恢复到其起始位置，然后用"黑点吸管"单击显示最暗像素的图像。对"白点吸管"重复此操作，单击显示最轻像素的位置（图9.5）。

4. "阴影"和"高光"滑块处于正确位置时，将"中间（中间调）输入"滑块向左移动以使其变亮，或向右移动以使中间调变暗。

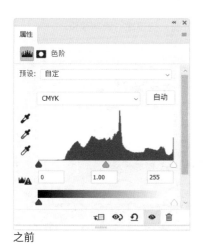

之前

之后

图 9.4 将"黑/白色"滑块移动到第一组像素的边缘之前和之后，使用"色阶"增强"对比度"

5. 按住"\"键可在原始图像和调整后的图像之间切换，以检查调整情况。

6. （可选）从"通道"菜单中选择一个颜色通道，以调整特定颜色通道的色调。

TIP 也可以直接在"级别"字段中输入"阴影""中间色调"和"高光"的值。

TIP 如果在应用级别调整时，"属性"面板上出现"计算更准确的直方图"警告按钮，请单击该按钮刷新面板中的直方图。

TIP 要将当前"级别"设置应用于其他图像，例如在类似照明条件下拍摄的一组照片，请将其保存为预设并应用。还有一些现成的级别预设。

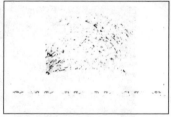

图 9.5 手动设置"黑点吸管"和"白点吸管"的结果。红色圆圈表示我们选择的最暗和最亮的点

要删除或消除颜色投射：

■ 选择"灰点吸管"，然后吸取图像中应该是中性灰色的部分（图9.6）。如果第一次没有得到满意的结果，请尝试吸取图像的其他区域。

如果想要一种快速的"现成"的固定色调和颜色的方法，可以尝试使用自动算法。

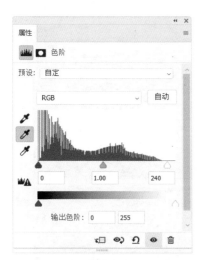

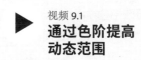

视频 9.1
**通过色阶提高
动态范围**

扫码看视频

图 9.6 使用"灰点吸管"吸取应该是中性灰色的区域（船的内部）：参见下图前后对比

要自动调整色调和颜色，请执行以下操作：

1. 创建"色阶"或"曲线"调整图层。

2. 在"属性"面板中，按住Alt/Option键并单击"自动"按钮以访问"自动颜色校正选项"对话框。

3. 选择增强功能（图9.7）：

   ▶ 增强单色对比度，剪辑所有通道，使高光更亮，阴影更暗，同时保持整体颜色关系。执行"自动对比度"命令使用此算法。

   ▶ 增强每个通道的对比度，最大化每个通道的色调范围，从而实现更显著的校正。因为每个通道都是单独调整的，所以该算法可能会删除或引入颜色投射。执行"自动色调"命令使用此算法。

   ▶ 查找深色与浅色，使用图像中平均最亮和平均最暗的像素来最大限度地提高"对比度"，同时最大限度地减少剪切。执行"自动着色"命令使用此算法。

   ▶ 增强"亮度"和"对比度"，使用"内容感知"技术来评估整个图像的数据，然后调整合成RGB通道（而不是每个通道）的色调值。

图 9.7 使用各种自动算法之前和之后

进行曲线调整

使用"曲线"可以调整特定的色调，如"高光""四分之一色调""中间色调""四分之三色调"或"阴影"，同时使图像的其他区域不受影响或只受最小影响。"曲线"比"色阶"更具优势的地方是，通过练习，您可以通过在曲线上添加更多的点来更具体地进行校正。校正可以应用于合成图像（所有通道）或单个颜色通道。

图像的色调一开始在图上表示为一条直对角线（图9.8）。对于RGB图像，该线（曲线）的右上角表示高光，左下角区域表示阴影。

要使用"曲线"调整色调和颜色，请执行以下操作：

1. 在"属性"面板中，在曲线的顶部添加一个点以调整高光。

2. 向上移动点以使其变亮，向下移动点以使其变暗（注意现在直线是如何根据点的位置弯曲的）。

3. 在曲线的中心添加一个点以影响"中间色调"。

4. 在曲线的底部添加一个点以调整"阴影"。向直线添加点并移动它们时，曲线的形状会继续变化，反映您的调整。

TIP 对于CMYK图像，控件的工作方式与处理RGB图像的方式相反。对于CMYK图像，图形显示墨水百分比。向上移动曲线会增加更多的墨水，因此会导致图像变暗。

TIP 也可以将"曲线"应用于Lab或灰度图像，图形将显示这些图像的亮度值。

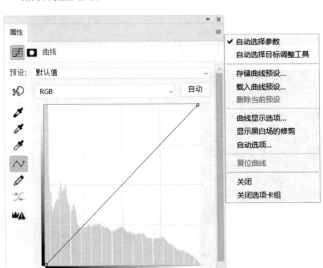

图 9.8 进行"曲线"调整

要使用"曲线"增加对比度，请执行以下操作：

执行以下操作之一：

- 使用输入滑块设置白色和黑色色调值。要使"阴影"变暗并使"高光"变亮，请向内拖动"黑白高光输入"滑块，使其与直方图中灰色区域的末端对齐，或者看到图像中的对比度增加。"曲线"越陡，"对比度"越强（图9.9）。

- 要建立白点和黑点，按住Alt/Option键拖动"黑色"滑块，直到出现几个彩色或黑色区域；对"白色"滑块执行相同操作，直到出现第一个白色像素。也可以从面板菜单中选择"显示黑白场的修剪"选项，如果不希望选择此选项，最好按住Alt/Option键拖动。

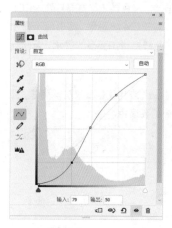

之前

之后

图 9.9 "曲线"应用"对比度"前后。请注意，我们还在图层蒙版上绘制，以保护这些区域免受"曲线"的影响

"曲线显示选项"对话框

通过"属性"面板菜单上的"曲线显示选项"对话框来控制显示的信息（图9.10）。

光 (0~255)： 显示0（黑色）~255（白色）的级别。向上移动曲线会增加更多的光线，图像也会变得更亮

颜料/油墨%： 显示图像的油墨范围为0%~100%。向上移动曲线会增加更多的墨水，图像会变得更暗。

网格： 显示4×4或10×10网格。

通道叠加： 将单个颜色通道调整的曲线叠加在合成曲线上。

直方图： 显示曲线后面的图像直方图。

基线： 显示原始的45°角度线以供参考。

交叉线： 当移动控制点以帮助用户将它们与直方图或网格对齐时，"交叉线"显示水平线和垂直线。

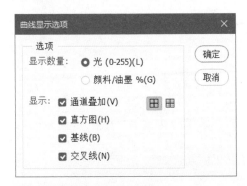

图9.10 "曲线显示选项"对话框

要使用"曲线"进行有针对性的调整，请执行以下操作：

执行以下操作之一：

- 添加更多点以调整不同的色调区域。可以只影响一个色调区域，而使其他色调区域相对不变。如果需要删除控制点，请将其从图形中拖出来。

- 拖动部分曲线，上面会出现一个（选定的）点。例如，要使中间色调变亮，请向上拖动曲线的中间，或者要使中间色调变暗，请向下拖动曲线的中部。当色调值变亮时，其"输出"值会增加到"输入"值（原始亮度值）以上。当色调值变暗时，其"输出"值会降低到"输入"值以下。

- 单击"曲线"面板中的"目标调整"工具（），然后将光标移动到图像中包含要变暗或变亮的色调级别的区域上，曲线上出现一个小圆。单击图像中的"目标调整"工具，将控制点添加到曲线中。向上拖动可使该级别变亮，向下拖动可使其变暗。曲线上会出现与该级别对应的点。保持"曲线"控件显示在面板上。

使用"曲线"调整色彩平衡

执行以下操作之一:

- 调整一个或多个单独颜色通道的曲线。

- 通过在"曲线"的"属性"面板上选择"灰点 (中间)吸管"来更正整体颜色,然后单击图 像中应为中性灰色的区域。

 TIP 如果在应用"曲线"调整时,"计算更精确的直 方图"警告按钮出现在"属性"面板上,请单击该按 钮刷新面板中的直方图。

视频 9.2
使用曲线调整对 比度和颜色校正
扫码看视频

曲线快捷方式

使用曲线时,以下是一些有用的快捷方式。

- 要放大图形和曲线,请拖动"属性"面板 的边。

- 若要在曲线上为当前通道设置一个点,请 在图像中按Ctrl/Command键。

- 若要更改网格线增量,请按住Alt/Option 键单击网格。

- 按快捷键Ctrl+Shift/Command+Shift在图 像中单击以便在每个颜色通道(但不在合 成通道中)的曲线上设置一个点。

- 按住Shift键并单击以便选择多个点。

- 按快捷键Ctrl/Command+D可取消选择 曲线上的所有点。

- 按"+"键选择曲线上的下一个较高点; 按"–"键选择下一个低点。

- 通过按键盘上的方向键移动曲线上的选 定点。

图 9.11 在"通道混合器"中交换通道的结果。红色通道为100%绿色，绿色通道为100%蓝色，蓝色通道为100%红色。图层蒙版将调整限制在图像的右侧，显示前后对比效果

使用通道混合器

使用"通道混合器"调整来创建灰度、深褐色或其他有色图像（最佳创建灰度图像的方法是使用黑白调整图层）。探索预设是一个很好的开始方式。如果要通过混合一个或多个颜色通道进行创造性的颜色调整，请取消勾选"单色"复选框（图9.11）。

要在"通道混合器"中交换通道，请执行以下操作：

1. 在"属性"面板中，从"输出通道"菜单中选择输出通道。将该通道的"源"滑块设置为100%，并将其他通道设置为0%。例如，如果选择"红色"，则红色的起点为100%，绿色和蓝色的起点为0%。

2. 拖动滑块或在字段中输入介于–200%~200%的值，以更改通道中的颜色量。通常"源"通道的组合总数等于100%。如果组合值加起来超过100%，会出现一个图标，警告生成的图像将比原始图像更亮，可能会删除高亮显示的细节。

3. （可选）拖动"常数"滑块以调整输出通道的灰度值。负值会增加更多的黑色，正值会增加更多的白色。

导出颜色查找表

如果想在多个图像之间共享外观，颜色查找表（CLUT）会有所帮助。可以从一个图像导出CLUT，然后将其应用于希望具有相同样式的其他图像（图9.12）。CLUT将图像中的每种颜色替换为该查找表中的相应颜色。许多应用程序都支持CLUT，尤其是在视频和3D LUT中，因此这是一种更容易在多媒体项目中使用多种应用程序获得相同外观的方法。

要导出并应用颜色查找表，请执行以下操作：

1. 通过调整图层的组合打造想要的造型。

2. 将调整图层放入图层组，选择该组，然后执行"文件"→"导出"→"颜色查找表"命令。

3. 在"导出颜色查找表"对话框中，输入"说明"以及"版权"信息（可选）。

4. 在"网格点"字段中输入一个值（0~256）。值越高，文件质量越高、越大。64（高）实际上与256（最大）无法区分，但64保存起来要快得多。

5. 选择要导出颜色查找表的一种或多种可用格式。我们使用ICC Profile，它是跨平台的，可以使用各种颜色模式。

6. 指定保存生成的文件的位置，并输入Photoshop自动附加文件扩展名的基本文件名。

7. 打开要应用颜色查找表的新图像。

8. 添加颜色查找调整图层。

9. 在"属性"面板上选择"设备链接"选项，然后加载保存的查找表。

组 1

黑白 1

色阶 1

色相/... 1

背景

导出颜色查找表

说明: clut1.tif

版权:

使用小写的文件扩展名

品质

网格点: 64 高

格式

3DL

CUBE

CSP

☑ ICC 配置文件

确定

取消

属性

颜色查找

3DLUT 文件　　载入 3D LUT...

摘要　　　　　载入摘要配置文件...

● 设备链接　　clut1.ICC

☑ 仿色

图 9.12 通过组合调整图层来创建"外观"。将调整图层导出为CLUT，并将其应用于其他图像

使用剪贴蒙版限制调整

通过剪贴蒙版可以将调整图层的效果限制在正下方的图层。蒙版由下面一图层的内容决定。基础图层上的不透明内容会在剪贴蒙版中剪贴（显示）其上方图层的内容。剪贴图层中的所有其他内容都将被屏蔽掉（图9.13）。

要创建剪贴蒙版，请执行以下操作：

1. 确保基础图层位于要蒙版的图层下方。

2. 单击要剪贴的图层，或者按住Shift键并单击多个要剪贴的图层（而不是基本图层），然后按快捷键Ctrl+Alt+G/Command+Option+G。

3. 若一次剪贴一个图层，请按住Alt/Option键单击两个图层之间的线（光标），或右击要剪贴的一个图层（而不是基本图层），然后在弹出的快捷菜单中选择"创建剪贴蒙版"选项。或者，执行"图层"→"创建剪贴蒙版"命令。

要释放剪贴蒙版，请执行以下操作：

■ 按住Alt/Option键单击分隔图层的线，或从"图层"面板菜单中选择"释放剪贴蒙版"选项。剪贴蒙版上方的任何蒙版图层也将被释放。

TIP 将调整图层的效果限制为特定图像图层的另一种方法是使用组：选择图像图层，执行"图层"→"新建"→"从图层建立组"命令。确保调整图层位于图层组的顶部。将"模式"从"穿透"更改为任何其他混合模式。

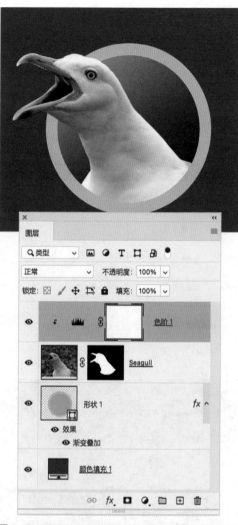

图 9.13 图层堆栈顶部的"级别"调整图层被剪贴到下面的海鸥图层，因此它只影响该图层。如果没有剪贴蒙版，圆形和背景的颜色也会受到影响

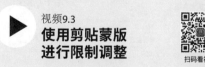

视频9.3
**使用剪贴蒙版
进行限制调整**

扫码看视频

使用色相/饱和度调整图层

色相/饱和度调整图层可以应用"色相""饱和度"和"明度"校正，而无须创建选择。要调整特定的颜色范围，请从菜单中选择该颜色（图9.14）。

要使用色相/饱和度进行有针对性的调整：

执行以下任一操作：

- 要调整色相，选择"目标调整"工具(✋)，然后按住Ctrl/Command键在图像中的颜色区域上水平拖动。

图 9.14 调整色相。注意，调整图层的图层蒙版右侧已填充黑色，以显示之前和之后的状态

- 要调整"饱和度",选择"目标调整"工具,并在图像中的颜色区域上水平拖动,而无须按住Ctrl/Command键(图9.15)。

- 使用"吸管"工具在图像中单击或拖动以选择颜色范围。要添加到范围,请按住Shift键(或使用"添加到取样"工具);要从范围中减去,请按住Alt/Option键(或使用"从取样中减去"工具)。

- 要调整"明度",向右拖动滑块以增加亮度(添加白色),向左拖动滑块以减少亮度(添加黑色)。

"色相/饱和度属性"面板底部的颜色栏类似于平坦的色轮。上条显示调整前的颜色;下条显示调整如何影响全饱和度下的所有色相。

图9.15 带色相/饱和度的选择性饱和度。选择"黄色"并将"饱和度"滑块向右移动

要使用颜色条进行调整，请执行以下操作：

执行以下任一操作：

- 拖动中心区域，将整个调整滑块移动到不同的颜色范围。
- 拖动内部滑块和外部滑块之间的区域以调整范围。
- 拖动外部滑块以调整颜色的衰减量。

TIP 默认情况下，选择颜色组件时选择的颜色范围为30°宽，两侧各有30°的渐变。将落差设置得过低可能会在图像中产生条纹。

要使用"色相/饱和度"为图像着色，请执行以下操作：

1. 要使灰度图像着色，首先需要将其转换为彩色模式。执行"图像"→"模式"→"RGB颜色"命令。

2. 应用"色相/饱和度"调整。

3. 在"属性"面板中选择"着色"选项。如果前景颜色是黑色或白色，Photoshop会将图像转换为红色色调（0°）。如果前景色不是黑色或白色，则将图像转换为当前前景色的色调。每个像素的亮度值不变。

4. 拖地"色相"滑块根据喜好调整颜色（图9.16）。

图 9.16 使用"色相/饱和度"为图像着色

调整色彩平衡

可以使用"色彩平衡"调整来"温暖"或"冷却"图像，或者，中和不需要的投射，尽管"色阶"和"曲线"都提供了更简单的方法。选择要调整的色彩范围（阴影、中间色调或高光），然后将任何滑块移向较暖或较冷的色调。每个滑块将冷色调与暖色调配对。

走向一种颜色时，就会远离它的互补色。例如，向绿色移动会减少品红色，反之亦然。要保持图像的色调平衡，请勾选"保留明度"复选框（图9.17）。

图 9.17 "色彩平衡"（应用于高光）和"活力"的组合，以增加图像背景中颜色的饱和度。图层蒙版应用于包含两个调整图层的组，以显示之前和之后

进行自然饱和度调整

"自然饱和度"有助于活跃平坦的天空,防止颜色过度饱和,它比已经饱和的颜色更能增加柔和颜色的饱和度。如果要将相同的饱和度应用于所有颜色,而不管其当前饱和度如何,请移动"饱和度"滑块。有时,这可能会产生比"色相/饱和度调整"面板中的"饱和度"滑块更少的条纹(图9.18)。

使用照片滤镜

"照片滤镜"调整图层模拟在相机上使用彩色镜头滤镜来"冷却"或"加温"场景,或改变黑白对彩色场景的色相影响的效果。例如,如果正在模拟黑白摄影,请从彩色图像开始,添加设置为"红色"的"照片滤镜"调整图层(以加深蓝天并增加对比度),然后将其用作转换为黑白的基础。

图 9.18 之前(左)和之后:通过"自然饱和度"调整,全天都是蓝天

Photoshop提供了大量预设色调，也可以使用自定义颜色。对于一些微妙的细节，选择与图像中的颜色相似的颜色。或者，为了获得最佳图形效果，可以选择图像中主色的互补色（在色轮上对角）。若要进一步微调结果，可以调整"密度"滑块。勾选"保留明度"复选框可保留图像的整体亮度和对比度（图9.19）。

预设值的使用

如果有多个图像需要相同的处理，则可以将一些调整存储为预设并应用于其他图像。

要存储调整设置，请从"属性"面板菜单中选择存储预设。

要应用保存的预设，请从"属性"面板的预设菜单中选择它，或从"属性"面板菜单中选择载入预设（图9.20）。

图 9.19 应用照片滤镜：将图层蒙版应用于调整图层，以显示应用冷却照片滤镜之前（左）和之后的图像

图 9.20 存储和载入预定义的预设

图 9.21 使用"高对比度红色滤镜"预设将"黑白"调整应用于图像右侧

应用黑白调整图层

"黑白"调整能够完全控制如何将彩色图像转换为灰度图像。

要调整"黑白"色调，请执行以下操作：

在"属性"面板中执行以下操作之一：

- 向右移动滑块以获得较浅的灰色；向左移动以获得较深的灰色。

- 选择"目标调整"工具，然后在图像的某个区域向右拖动以使阴影变亮，或向左拖动以使其变暗。与该区域中的主要颜色相对应的滑块将受到影响。

- 从菜单中选择预设（图9.21）

要将色调应用于灰度图像，请执行以下操作：

1. 在"黑白"调整图层的"属性"面板中勾选"色调"复选框。

2. 单击色样，然后在"拾色器"中选择一种颜色。

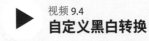

视频 9.4
自定义黑白转换

扫码看视频

使用渐变映射调整图层进行着色

"渐变映射"调整图层将图像的灰度值映射到所选渐变填充的颜色。使用双色渐变填充，图像中的"阴影"将映射到渐变的起始（左）颜色，"高光"将映射到渐变的结束（右）颜色，"中间色调"映射到中间的渐变（图9.22）。

要通过"渐变映射"调整图层对图像进行着色，请执行以下操作：

1. 单击渐变条以编辑渐变。

2. 加载一个（或两个）预设库，包括Legacy Gradients的Photographic Toning库。

3. 单击选择器上的预设。

4. 要最大限度地减少打印输出上的条纹，请勾选"仿色"复选框。

5. （可选）通过添加或更改色标，或重新定位色标来编辑渐变。

6. （可选）勾选"反向"复选框，将渐变中最亮的颜色应用于图像中最暗的值，反之亦然，从而创建胶片负效果。

7. （可选）实验"渐变映射"图层的混合模式。尝试倍增、柔光、固定光、色调或亮度效果。

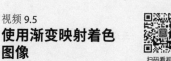
视频 9.5
使用渐变映射着色图像

扫码看视频

图 9.22 实验渐变映射：品红色-橙色（反向）、更具照片感的暗到浅灰色（反向）和原始彩色图像

使用可选颜色调整图层更改颜色

"可选颜色"调整图层为用户提供了另一种调整图像中颜色的方法。具体来说，它们适用于处理CMYK图像时的打印场景，并允许用户选择性地修改任何原色的颜色量。例如，减少绿色中的青色，同时保持蓝色中的青色不变（图9.23）。

在"属性"面板中选择要调整的颜色，然后拖动滑块以增加或减少该颜色的颜色量。可选颜色使用以下两种方法。

- **相对:** 按青色、品红色、黄色或黑色的数量占总数的百分比进行更改。例如，如果从50%品红色的像素开始，并添加10%，则会在品红色上添加5%（50%中的10%=5%），总共添加55%的品红色。（不能使用此选项调整纯镜面反射白色，因为它不包含任何颜色。）

- **绝对:** 以绝对值调整颜色。例如，如果从50%青色的像素开始，并添加10%，则青色墨水的总量将设置为60%。

图9.23 使风铃草变蓝:图像的左侧显示之前的状态,右侧显示通过增加洋红、蓝色、青色和白色中的青色来实现调整

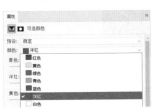

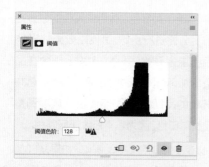

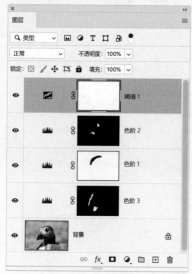

其他调整图层

其他调整往往很少被使用,至少在日常的工作流程中是这样。

· **反相:**将图像转换为负片。每个像素的色调值围绕色轮旋转180°。

· **阈值:**创建高对比度的黑白图像,其中所有像素都是黑色或白色。默认情况下,阈值级别为128,但可以更改此设置。所有比阈值数量轻的像素都变为白色,所有较暗的像素都变为黑色(图9.24)。

· **色调分离:**限制色阶的数量,然后将像素映射到最匹配的色阶。例如,在RGB图像中选择4个色调级别可提供12种颜色:每个颜色通道四种。"后期处理"用于创建特殊效果,例如照片中大而平坦的区域。它本身很少能很好地工作,但当与蒙版相结合时,它在处理大面积平坦颜色的图像时非常有效(图9.25)。

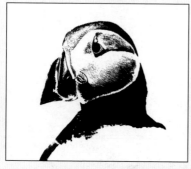

图 9.24 阈值调整与其他调整(在本例中为"色阶")结合使用,可以创建有效的线条艺术

图 9.25 图像处理后导致天空中出现难看的条纹。解决方案是遮盖天空,在下面添加一层纯蓝色的颜色填充层,然后只对已经有有限颜色范围的标志进行后期处理。调整被裁剪到图像图层,这样它就不会影响颜色填充图层

使用填充图层

填充图层有三种类型:纯色、渐变色和填充图案。与调整图层不同,填充图层不会影响其下方的图层(除非更改其"混合模式"或"不透明度")。

与添加使用"填充"命令或"渐变"工具创建的静态图层相比,破坏性填充图层更易于编辑。例如,如果要更改渐变填充图层的角度,可以立即更改,而不必在像素图层上重新创建渐变。

校正图像

校正图像的色调和颜色时要遵循的一般工作流程如下。

1. 使用直方图来评估图像的色调范围。

2. 使用调整图层来校正色彩平衡,以删除不需要的色偏或校正过度饱和或不饱和的颜色。

3. 使用"色阶"或"曲线"来调整色调范围。首先设置白场和黑场。这将设置图像的整体色调范围,重新分配中间色调像素。如有必要,可以手动调整中间调。

4. 最后一步。应用智能锐化或取消锐化蒙版过滤器来锐化图像中的边缘。所需的锐化量将根据图像的像素大小、图像的性质和自己的偏好而变化。

5. (可选)将图像作为打印机或印刷机特性的目标。

默认情况下,纯色填充图层将当前前景色应用于调整图层。但是,"拾色器"将打开,因此可以选择不同的填充颜色。

对于渐变填充图层,可以选择渐变预设,也可以单击"渐变"按钮打开"渐变编辑器"并创建自己的渐变。也可以根据需要调整渐变的样式、角度、比例和方向。

"仿色"复选框通过对渐变应用仿色来减少条纹。

"与图层对齐"使用图层的边界框来计算渐变填充。可以在图像窗口中拖动以重新定位渐变。

对于填充图案图层,将显示一个弹出面板,可以在其中选择填充图案,并输入其比例和角度的值。

选择"紧贴原点"选项以使图案从与文档相同的位置开始,如果希望图案随图层移动,请选择"与图层链接"选项。选中此选项后,可以在图像中拖动以定位图案。Photoshop有各种预设图案,也很容易创建自己的图案。

要创建图案,请执行以下操作:

1. 使用"矩形选框"工具,选择图像的一个区域用作图案。确保"羽化"设置为0像素。

2. 执行"编辑"→"定义图案"命令。

3. 输入图案的名称。

评估图像

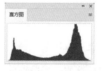

在处理图像之前需要对其进行评估。除了用眼睛进行主观评估，最好的方法是使用"直方图"面板。直方图可以快速显示图像的色调范围，并有助于确定适当的色调校正。阴影在左侧，中间色调在中间，高光在右侧。横轴表示介于0~255的灰度级或颜色级别；竖线表示特定颜色或色调级别的像素数。

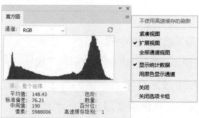

虽然直方图不是绝对准确的，但图像的关键细节都集中在中间色调。具有全色调范围的图像在所有区域都有一些像素，并且图形的整体轮廓相对结实和平滑。如果图像在色调范围内缺乏细节，直方图将包含间隙和尖峰，就像梳子上的"细齿"一样。

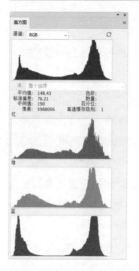

编辑图像时，其直方图的形状会发生变化，以反映色调值的变化。在不选择任何内容的情况下，直方图表示整个图像，要查看图像某一部分的直方图，请首先选择该部分。

可以通过三种方式查看直方图：紧凑视图，只是直方图；扩展视图，即直方图加上可访问各个通道的菜单；全部通道视图，显示每个通道的单独直方图（图9.26）。

图 9.26 三个直方图视图的示例：紧凑、扩展和全部通道（彩色）

使用"信息"面板

在进行颜色校正时,"信息"面板与"直方图"面板一起提供有关图像的有用信息。选择调整图层后,"信息"面板显示两组颜色值: 左侧的"前"和右侧的"后"(图9.27)。

选择"颜色采样器"工具或使用"吸管"工具,按住Shift键并单击,在图像中最多四个位置设置"颜色采样器"。

添加"颜色采样器"后,可以移动、删除、隐藏或更改"信息"面板中显示的"颜色采样器"信息。采样器与图像一起保存,下次打开图像时会一起出现。

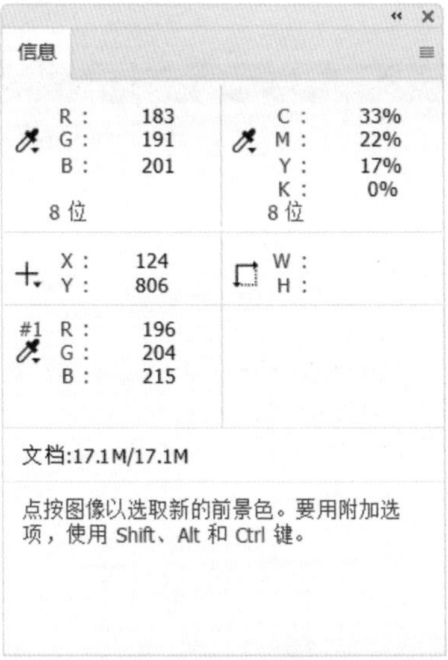

图 9.27 "信息"面板显示颜色采样器1的前后编号

要查看直方图,请执行以下操作:

执行以下操作之一:

- 在"扩展"或"全部通道"视图中,从"通道"菜单中选择一个选项: RGB(所有通道组合在一起)、特定通道、"明度"或"颜色"。

- 要以颜色显示各个通道,请从"通道"菜单中选择一个单独的通道,然后从面板菜单中选择"用原色显示通道"选项。

"直方图"面板从直方图缓存中读取数据,而不是从实际图像中读取数据。可以在"性能"首选项中设置最大缓存级别(2~8)。更高的缓存级别设置可以提高大型多图层文件的重绘速度,但需要更多的RAM。如果RAM有限,或者您主要使用较小的图像,请坚持使用较低的缓存级别设置。单击"缓存数据警告"按钮将刷新直方图,以便显示图像当前状态下的所有像素。

使用阴影/高光

"图像"→"调整"菜单下的大多数静态调整都可以作为调整图层应用，而且最好总是以这种方式应用。然而，有些调整不可用作调整图层，包括"阴影/高光"，这对于在其他光线充足的图像中亮显阴影区域特别有用。还可以使用"阴影/高光"来校正由于强烈的背光而导致的带有剪影图像的照片，或者校正因离相机闪光灯太近而被轻微曝光的对象。

"阴影/高光"命令将调整直接应用于图像，使其成为丢弃图像信息的静态调整。首先将图层转换为智能对象（请参见第14章）。这允许您将"阴影/高光"应用为非破坏性智能过滤器。

要调整图像阴影和高光，请执行以下操作：

1. （可选）将图像图层转换为智能对象，然后执行"图像"→"调整"→"阴影/高光"命令。

2. 移动"数量"滑块以调整照明校正量，或在"阴影"或"高光"字段中输入一个值（图9.28）。

3. 如有必要，请勾选"显示更多选项"复选框以访问其他控件。

TIP 轻松使用"数量"滑块：极端数量可能看起来不自然。

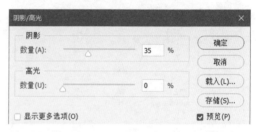

图 9.28 应用于图像右侧的"阴影/高光"调整（阴影/高光智能滤镜上的滤镜遮罩可保护左侧）

10

混合模式

图层的混合模式决定其像素如何与图像中的基础像素混合。虽然一些混合模式是用于解决特定问题的实用工具，但其他模式可以用于创建各种特殊效果。使用混合模式和"不透明度"滑块的一个好处是可以进行多次实验。混合模式和"不透明度"的变化是无损的，所以您可以在不损害数据的情况下进行实验。

本章将演示各种混合模式的作用，可以进行多次实验。可能的组合是无限的，这可能有点让人不知所措，而且没有规则。如果效果不错，那么结果就是好的（反之亦然）。

本章内容

混合模式、不透明度和填充	168
使用混合模式	169
默认模式	171
变暗混合模式	172
浅色混合模式	174
对比度混合模式	176
比较混合模式	178
颜色混合模式	181
混合选项	184

混合模式、不透明度和填充

无论应用哪种混合模式，混合都是通过将混合颜色（使用绘制工具应用或应用于图层）与下面图层的基础颜色相结合来进行的，得到的是结果颜色。

除此之外，"不透明度"和"填充"设置（位于选项栏上）还决定了图层与其下面的图层混合的强度。一个图层的整体"不透明度"决定了它在多大程度上遮蔽或露出下面的图层。"不透明度"为1%的图层看起来几乎是透明的，而"不透明度"为100%的图层看起来完全不透明。"不透明度"和"填充"选项之间的主要区别如下。

- "不透明度"会影响所有图层，包括任何图层效果。

- "填充"仅影响当前图层的不透明度，而图层效果保持不变。这意味着可以使图层的内容不可见，同时可以看到图层样式，如阴影（图10.1）。

- 选择了一个组时，填充不可用。

TIP 使用"移动"工具（或选项栏上没有混合模式的任何工具），使用数字键快速更改选定图层的"不透明度"。按1表示10%，按5表示50%，以此类推。要获得100%的"不透明度"，请按0键。

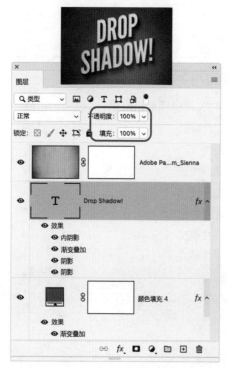

图 10.1 以100%和0%"填充"，仅显示应用于图层的效果

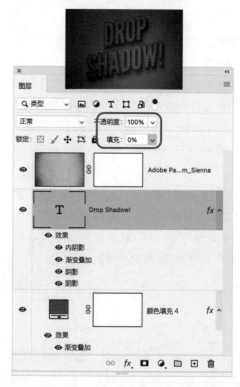

使用混合模式

与图层"不透明度"相结合，混合模式可以用来创建无数的特殊效果（图10.2）。在巴特西发电站的图像上创建了一个简单的构图，包括一个红色矩形、一个黑色、一个白色和一个50%灰色的正方形。然后，将各种混合模式应用于包含这些彩色形状的组，所有这些形状的"不透明度"都为100%。

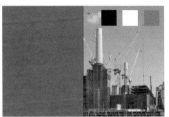

正常

正片叠底

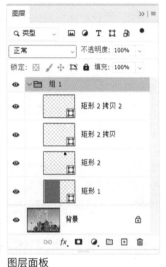

图层面板

滤色

深色

柔光

浅色

颜色

饱和度

图 10.2 相同的元素——应用了不同混合模式的红色矩形、黑色正方形、白色正方形、灰色正方形

要将混合模式应用于图层，请执行以下操作:

1. 单击任何类型的图层（"背景"图层除外）、多个图层或一个组。确保其内容与底层的某些内容重叠。

2. 从"图层"面板左上角的菜单（图10.3）中选择"正常"以外的混合模式。

3. （可选）调整图层的"不透明度"。

由于通常很难预测特定的混合模式将如何改变图像，因此使用混合模式需要一定的尝试（图10.4）。

TIP 在"移动"工具处于活动状态的情况下，按快捷键Shift++（加号）在混合模式列表中向上移动，按快捷键Shift+−（减号）在列表中向下移动。

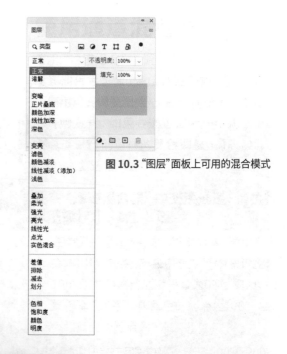

图 10.3 "图层"面板上可用的混合模式

图 10.4 使用一系列混合模式和不同的"不透明度"重叠不同颜色的矩形

默认模式

下面为默认的混合模式。

正常

"正常"是图层的默认混合模式，使用的颜色就是获得的颜色。下面的图层没有颜色混合，但可以通过调整图层的"不透明度"来获得有趣的结果。

穿透

"穿透"是图层组的默认混合模式。穿透意味着组没有自己的混合模式——组内应用的任何调整图层、混合模式或"不透明度"更改都会影响组与以下图层的交互方式（图10.5）。选择除"穿透"之外的混合模式，意味着组中的图层首先混合在一起，然后使用所选择的混合模式将该合成组与图像的其余部分混合。

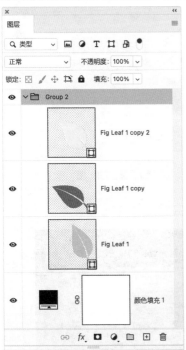

图 10.5 将组的混合模式从"穿透"更改为"正常"，意味着混合仅在组内进行，结果不会与黑色填充图层混合，这将导致完全黑色的图像

变暗混合模式

此类别中的"变暗""正片叠底""颜色加深"和"线性加深"会产生更暗的结果。

正片叠底

"正片叠底"是变暗团队的"队长",在许多创造性设计和日常情况下都很有用,因为它可以中和白色,也就是说,它可以使混合图层的白色像素消失。它不仅能将两张图像组合在一起,获得类似多次曝光的效果,而且无论何时在白色背景上使用线条艺术或手写文本,它都是一种混合模式。

要使用"正片叠底"创建双重曝光效果,请执行以下操作:

1. 创建一个分层文档,其中顶层的内容具有白色或浅色主题(图10.6)。

2. 将顶层的混合模式更改为"正片叠底",使下层的细节能够通过对象的光线区域显示出来(图10.7)。

图 10.6 原始图像和"图层"面板

其他变暗混合模式

变暗: 使用基础色或混合色,以较暗的颜色作为结果颜色。比混合颜色浅的像素将被替换,比混合颜色暗的像素不会改变。

颜色加深: 会变暗并饱和。与白色混合不会产生任何变化。

线性加深: 通过降低亮度使基础颜色变暗。与白色混合不会产生任何变化。

图 10.7 生成的图像。使用其他变暗混合模式可以得到类似的结果

要使用线条艺术创建组合，请执行以下操作：

1. 创建一个分层文档，其中顶层的内容在白色背景上，在这个示例中是一个复古的线条艺术插图（图10.8）。

2. 将顶层的混合模式更改为"正片叠底"（图10.9）。

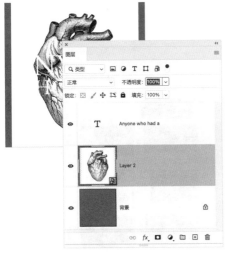

图 10.8 选择"正片叠底"以中和图层的白色像素

图 10.9 当图层混合模式更改为"正片叠底"时，图层的白色"消失"

视频 10.1
变暗混合模式

扫码看视频

要使用手写文本创建合成，请执行以下操作：

1. 选择白色背景上手写文本的顶层。

2. 将图层的混合模式更改为"正片叠底"（图10.10）。

3. 由于"滤色"与"正片叠底"相反，如果想要白色文本，请反转图层（按快捷键Ctrl/Command+I）。

4. 将图层混合模式更改为"滤色"以去掉黑色（图10.11）。

图 10.10 使用"正片叠底"可以去掉诗的白色背景

图 10.11 将混合模式更改为"滤色"会使黑色像素不可见

浅色混合模式

浅色组的混合模式与深色混合模式相反，"滤色"与"正片叠底"相反。可以使用"正片叠底"来消除或中和白色，也可以使用"滤色"来中和黑色。

滤色

"滤色"是最有用的灯光混合模式，它查看每个通道的颜色信息，并乘以混合和基本颜色的倒数。结果颜色总是较浅的颜色。用黑色进行筛选会使颜色保持不变。用白色进行筛选会产生白色。这种效果类似于将多张幻灯片叠加在一起。

因为混合图层的黑色像素对下面的图层没有影响，所以使用"滤色"也是在黑色背景上"选择"主体的一种简单方法，就像烟花一样（图10.12）。如果有必要，可以通过复制"滤色"图层来构建密度。

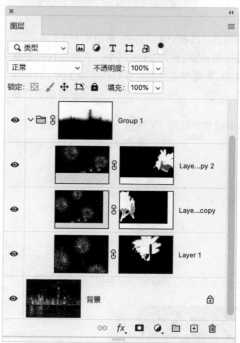

图 10.12 通过添加"滤色"混合模式，可以去掉烟火层的黑色

图 **10.13** 维京人图像上方的一层干冰

图 **10.14** 选择"滤色"混合模式以中和图层的黑色像素

图 **10.15** 混合的结果

要使用滤色进行合成，请执行以下操作:

1. 创建一个分层文档，其中顶层的内容在黑色背景上，在本例中是干冰的库存图像 (图10.13)。

2. 将顶层的混合模式更改为"滤色" (图10.14)。

3. 根据喜好调整顶层的"不透明度" (图10.15)。

 视频 10.2
浅色混合模式

扫码看视频

其他浅色混合模式

变亮: 查看每个通道中的颜色信息，并使用基础颜色或混合颜色 (以较浅的颜色为结果颜色)。比混合颜色暗的像素将被替换，比混合颜色浅的像素不会改变。

颜色减淡: 会降低混合色和基础色之间的对比度。结果会有饱和的中间调和夸张的高光。与黑色混合没有效果。

线性减淡 (添加): 产生的效果与"叠加"或"颜色减淡"相似但更强，通过增加亮度来提亮基础色以反映混合色。

"浅色"与"变亮"相似。不同的是，"浅色"查看所有RGB通道的合成，而"变亮"查看每个RGB通道以产生最终的混合。

对比度混合模式

对比度混合模式可以增加对比度，无论需要加深阴影、提亮灯光区域，还是实现更具创意的效果都可以。两种最有用的模式是"叠加"和"柔光"。

叠加

使用"叠加"，深色会变得更暗，而浅色会变得更亮。"叠加"混合模式有一个不明显的用途：将其用作减淡和加深层。减淡是有选择地照亮区域；加深是选择性地使区域变暗。虽然和往常一样，还有其他方法可以做到这一点，但这种方法是无损的，这样很容易理解图像是如何编辑的以及在哪里被编辑的。

使用叠加进行减淡和加深：

1. 在图像图层上方添加一个填充了50%灰度的图层。

2. 在上面涂上白色（"不透明度"为10~20%），使图像层变亮（图10.16）。

3. 以黑色绘制以使图像层变暗。留下减淡和加深的记录，而且是完全无损的。

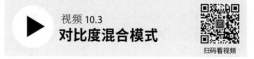

视频 10.3
对比度混合模式

扫码看视频

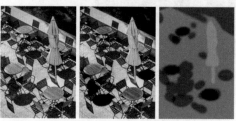

图 10.16 使用"叠加"应用无损减淡和加深

图 10.17 源图像

图 10.18 图像图层上方的纹理层

图 10.19 纹理和图像相结合的结果

柔光

"柔光"使颜色变暗或变亮，具体取决于混合颜色。这种效果类似于将漫反射聚光灯照射在图像上。如果混合颜色（光源）比50%的灰色浅，则图像会变亮，就像被遮挡住一样。如果混合颜色比50%的灰色暗，则图像会变暗，就像被加深了一样。使用纯黑色或白色绘制会产生明显较暗或较亮的区域，但不会产生纯黑色或纯白色。"柔光"的一个最常见的用途是应用纹理。

要使用"柔光"应用纹理，请执行以下操作：

1. 创建一个分层文档，在想要影响的图像上方使用纹理（图10.17）。

2. 将纹理层的"混合模式"更改为"柔光"（图10.18）。

3. 根据喜好调整纹理层的"不透明度"（图10.19）。

其他对比度混合模式

其他对比度混合模式如强光、亮光、线性光、点光和实色混合都在不同程度上进行了减淡和加深，其中实色混合提供了最强、最具图形效果的效果。

比较混合模式

比较混合模式用于将一个图层与另一个图层进行比较。在比较混合模式的六个选项中，相比于其他四个选项（减去、划分、色相和饱和度），"差值"和"排除"更好用。

差值

"差值"会查看每个通道中的颜色信息，并从基本颜色中减去混合颜色，或从混合颜色中减去基本颜色，具体取决于哪个具有更大的亮度值。与白色混合会反转基本颜色值，与黑色混合不会产生任何变化。

要使用"差值"手动对齐图层，请执行以下操作：

1. 创建一个由两个图层组成的文档，其中包含要使用的大部分内容的图层位于图层堆栈的顶部（图10.20）。

2. 将顶层的混合模式更改为"差值"（图10.21）。

3. 选择下面的图层，然后使用"移动"工具移动图层以对齐上面图层中的细节区域，按键盘上的方向键进行微调。此案例为正在对齐左边的建筑。

4. 将顶层返回到"正常"混合模式。

5. 在顶层添加一个图层蒙版，以黑色作为前景色，用软边画笔画一个"洞"，露出下面的图层（图10.22）。

图 10.20 暂时使用"差值"来对齐图层可以无缝地组合两个图层的元素。这些原始图像是相隔片刻拍摄的

图 10.21 选择"差值"作为顶层的混合模式。移动底层使其与顶层对齐——旨在对齐建筑物的边缘

图 10.22 将顶层的混合模式恢复为"正常"后，添加一个图层蒙版并在其上绘制，以显示下面图层的重要部分

图 10.23 应用"半调图案"滤镜

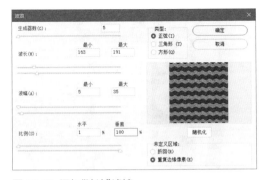

图 10.24 添加"波浪"滤镜

图 10.25 使用"排除"（或"差值"）混合模式。在图案与线条重叠的地方，颜色会反转

排除

"排除"会产生类似于"差值"的效果，但对比度低于"差值"。黑色像素对底层图像没有影响，白色像素反转底层图像，并且灰度根据其亮度而部分反转。

"排除"可以用于创建使用正反面相互作用的图形效果。

要使用"排除"创建艺术效果，请执行以下操作：

1. 要创建条纹图案，请首先创建一个白色填充图层。

2. 将颜色填充图层转换为智能对象。

3. 将前景色/背景色设置为黑色/白色（如有必要，按D键恢复它们），执行"滤镜"→"滤镜库"→"素描"→"半调图案"命令（图10.23）。"图案类型"选择"直线"。将"大小"和"对比度"设置为最大值。单击"确定"按钮。

4. 通过选择应用"波浪"滤镜。执行"滤镜扭曲"→"波浪"命令（图10.24）。

5. 应用"镜头校正"滤镜，执行"滤镜"→"镜头校正"命令，以更改图案的角度。

6. 创建一个包含单个文字或短语的文字图层。根据需要缩放文字，确保它是黑色的。将文字图层移动到图案下方。

7. 将图案的混合模式更改为"排除"（或"差值"）（图10.25）。

划分

划分混合模式查看每个通道中的颜色信息，并将混合颜色与基础颜色分开。也可以使用它来创建有趣的图形结果，从图像中删除黑色和特定颜色。

要使用"划分"创建样式化图像，请执行以下操作：

1. 将"黑白"调整图层添加到图像中。

2. 实验预设：这种情况下选择"高对比度红色滤镜"预设（图10.26）。

3. 将调整图层的混合模式更改为"划分"。这中和了图像中的黑色，并且由于"高对比度红色滤镜"，还中和了蓝天（图10.27）。

图 10.26 原始图像（顶部）和选择"高对比度红色滤镜"预设的黑白调整（底部）

其他比较混合模式

减去：查看每个通道中的颜色信息，并从基础色中减去混合色。

有关**"色调"**和**"饱和度"**基于颜色的比较的详细信息，请参阅下一节。

图 10.27 生成的图像及其图层

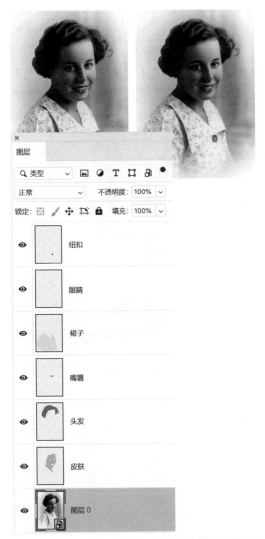

颜色混合模式

颜色混合模式会影响图像的色相、饱和度或色调。或者,换句话说,它们会影响图像的颜色、颜色的强度或明暗程度。"颜色"和"明度"是这里的"佼佼者"。

颜色

"颜色"混合模式将基本颜色的"亮度"与混合颜色的"色相"和"饱和度"相结合。因为它保留了图像中的灰度级,所以对于手动着色的单色图像很有用。虽然有很多方法可以对灰度图像(转换为RGB后)或历史照片进行着色(图10.28),但使用图层和颜色混合模式是最直观的。

要使用"颜色"混合模式为图像着色,请执行以下操作:

1. 根据需要添加图层,设置其混合模式为"颜色"。

2. 选择一种前景色,然后使用任何绘制工具进行绘制。

3. 实验改变图层的"不透明度"以及颜色。

要快速更改图层上的绘制颜色,请执行以下操作:

1. 锁定图层的"不透明度"。

2. 选择新的前景色。

3. 要填充前景色,请按快捷键Alt+Backspace/Option+Delete。或者,可以按快捷键Alt+Shift+Backspace/Option+Shift+Delete,而无须首先锁定图层"不透明度"。

图 10.28 这张家庭照片是通过在"颜色"混合模式图层上绘制并改变这些图层的"不透明度"来手动着色的

视频 10.4
颜色混合模式

扫码看视频

明度

"明度"会影响底层图像的色调,但不会影响"色相"或"饱和度"。当使用"色阶"或"曲线"调整图层对图像进行色调更改而不引入任何颜色更改时,这很有用。"明度"的一个意外用途是将其应用于"黑白"调整图层,然后使用颜色滑块调整图像中的颜色(图10.29)。

要使用"明度"编辑颜色,请执行以下操作:

1. 选择一个彩色图像层。

2. 添加一个"黑白"调整图层。

3. 将调整图层的"混合模式"更改为"明度"(图10.30)。

4. 使用颜色滑块进行实验,以增加或减少特定颜色范围的强度(图10.31)。

图 10.29 在"明度"混合模式中使用黑白调整来调整颜色

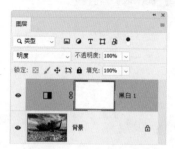

图 10.30 将"黑白"调整图层的混合模式更改为"明度"

图 10.31 调整示例图像的滑块以在天空中创建更多的戏剧性效果

其他颜色混合模式

"色相"使用基本颜色的"明度"和"饱和度"以及混合颜色的"色相"创建结果颜色。

"饱和度"使用基础色的"亮度"和"色相"以及混合色的"饱和度"创建结果色。

"浅色"比较混合色和基础色,并显示较浅的颜色。

"深色"比较混合色和基础色,并显示两者中较暗的颜色。

用中性色填充新图层

某些过滤器（例如"渲染"组中的过滤器）无法应用于没有像素的图层。解决此问题的方法是用图层中性色填充图层。中性（不可见）色取决于图层的混合模式。对于"正片叠底"，它是黑色，对于"滤色"，它为白色，对于"叠加"，它有50%的灰色（图10.32和图10.33）。

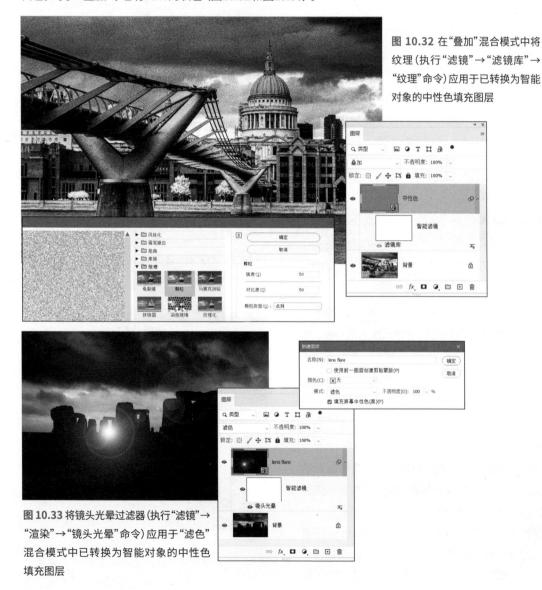

图 10.32 在"叠加"混合模式中将纹理（执行"滤镜"→"滤镜库"→"纹理"命令）应用于已转换为智能对象的中性色填充图层

图10.33 将镜头光晕过滤器（执行"滤镜"→"渲染"→"镜头光晕"命令）应用于"滤色"混合模式中已转换为智能对象的中性色填充图层

混合选项

双击图层缩略图右侧，或从"图层"面板菜单中选择混合选项，以显示该图层的"混合选项"对话框。

这些滑块控制活动图层和底图层中哪些像素可见。例如，可以将暗像素从活动图层中删除，或者强制底图层中的亮像素显示出来。也可以平滑混合区域和非混合区域之间的过渡。

混合选项的一个常见用法（仅在特定情况下有效）是从图像中去掉蓝色的天空。

要使用"混合选项"滑块进行蒙版，请执行以下操作：

1. 选择前景颜色与天空颜色明显不同且天空为纯蓝色的图像（图10.34）。

2. 将"当前图层"右侧的滑块向左移动。拖得越远，蓝色会越浅（图10.35）。

3. 若要定义部分混合像素的范围，请按住Alt/Option键，然后拖动滑块三角形的一半。出现在分割滑块上方的两个值表示部分混合范围（图10.36）。

从理论上讲，以这种方式使用"混合选项"滑块意味着您可以完全根据图层的像素明度来蒙版图层，而不必为按区域定义蒙版而烦恼。

然而，尽管这些选项很有趣，但如此添加蒙版只适用于特定类型的图像，即那些具有不同纯色区域的图像。传统的图层蒙版技术有更多的控制权。此外，使用"混合选项"滑块进行更改的唯一指示是图层缩略图上的"高级混合"徽章（图10.37），这意味着这种方法不像使用

图层蒙版那样"透明"（双关语），也不像选择天空那样简单。

图 10.34 原始图像

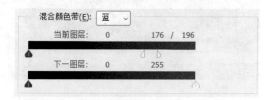

图 10.35 使用"混合选项"滑块

图 10.36 生成的图像

图 10.37 应用了"高级混合"选项的图层有一个徽章

颜色

在学习Photoshop时，没有什么主题比颜色以及选择和应用颜色的丰富功能更重要。例如，"色板"面板能够快速有效地保存和应用颜色，"颜色采样器"工具则帮助您在进行调整时跟踪关键图像区域的颜色。

基本任务包括设置前景色和背景色，使用"吸管"工具采样颜色，以及使用"颜色采样器"和"颜色"面板在RGB、CMYK、HSB和Lab等模式下混合颜色。双色调和专色通道可以实现CMYK打印无法实现的效果。

为了确保图像在屏幕上或打印时以尽可能好的（和预期的）颜色输出，您需要了解一些颜色管理任务，例如选择适当的颜色设置和使用颜色配置文件。本章将介绍使用颜色的各个方面。

本章内容

选择颜色	186
使用色板	188
采样和查看颜色值	190
使用双色调	192
使用专色和专色通道	193
保持颜色外观一致	195

选择颜色

前景和背景颜色是Photoshop的主力。前景色用于绘制,背景色填充在"背景"图层上擦除的区域。当创建渐变、格式类型或将填充和笔画应用于路径、选择或形状时,也会使用它们。用于选择前景色和背景色 (■) 的按钮位于"工具"面板和"颜色"面板中。这些按钮的颜色会发生变化,以反映当前的前景色和背景色。单击这些按钮时,将打开"拾色器",您可以在其中使用四种颜色模式选择颜色: HSB、RGB、Lab和CMYK。

要在"工具"面板中设置前景色和背景色,请执行以下操作:

执行以下操作之一:

- 要设置前景色,请单击"工具"面板中上部的颜色选择框,然后使用"拾色器"中的控件。

- 要设置背景色,请单击"工具"面板中较低的颜色选择框,然后使用"拾色器"中的控件。

- 要交换前景色和背景色,请单击"切换颜色"按钮 (↰),或按X键。

- 要恢复默认的前景色和背景色 (黑色和白色),请单击"默认颜色"按钮 (▣),或按D键。

要使用"拾色器"选择颜色,请执行以下操作:

执行以下操作之一:

- 要在HSB、RGB或Lab模式中选择颜色,请高亮显示任何字段并输入所需值,或者拖动滑块并单击颜色字段 (图11.1)。

- 若要在CMYK模式下选择颜色,请在CMYK字段中输入值,或者将光标移动到字母上并拖动出现的滑块。

- 要在十六进制模式下选择颜色,请在十六进制字段中输入代码。

- 要选择色域中最近的颜色 (▲) 或网络安全颜色 (⊕),请单击相应的按钮。网络安全颜色警告是20世纪90年代遗留下来的,当时显示器的颜色功能要少得多,现在可以将其忽略。另一个警告是指当前CMYK工作空间的色域。在使用此功能之前,请确保您的"颜色设置"是适当的。

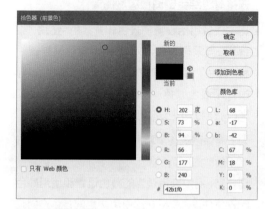

图 11.1 "拾色器"

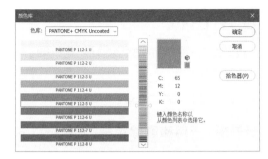

图 11.2 在"颜色库"对话框中选择专色

图 11.3 "颜色"面板提供了几个用于定义颜色的选项

- 要从配色系统（如Pantone和Trumatch）中选择颜色，请单击"颜色库"按钮。在打开的对话框中，从菜单中选择类型，然后输入所需特定颜色的名称，或者滚动并单击一种颜色（图11.2）。

- 要复位为当前前景色，请单击"当前颜色"框，或按住Alt/Option键将"取消"按钮更改为"复位"按钮并单击。

要使用"颜色"面板选择颜色，请执行以下操作：

1. 如果"颜色"面板不可见，执行"窗口"→"颜色"命令。

2. 在面板菜单中，选择要使用的控件："色轮""色相立方体""亮度立方体"或各种颜色模式的滑块（图11.3）。

3. 在面板中，单击前景或背景颜色框将其选中。

4. 使用控件选择颜色。

Photoshop还提供了一个平视显示器（HUD）颜色选择器，您可以在绘画时直接在文档窗口中访问。

要在使用"HUD颜色选择器"绘制时选择颜色，请执行以下操作：

1. 选择一个绘画工具。

2. 按快捷键Alt+Shift并右击/按快捷键Command+Option+控制点并按住图像以显示"HUD颜色选择器"（图11.4）。

3. 释放按下的键，但在拖动时保持按住鼠标左键以调整色调、饱和度和亮度。

4. 按住空格键以锁定选定的色调或阴影。

5. 释放鼠标左键并使用新的前景色继续绘制。

TIP 可以在"常规"首选项中更改"HUD颜色选择器"的显示，使其变大或变小，或者使用"色轮"而不是字段。

图 11.4 "HUD颜色选择器"允许在绘画时动态选择颜色，而无须将光标从画布上移开

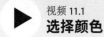

视频 11.1
选择颜色

扫码看视频

使用色板

色板提供了一种方便的方式来存储、组织和应用特定的颜色。

可以在"色板"面板中管理它们。

要创建、应用和删除色板，请执行以下操作：

在"色板"面板中，执行以下任意操作：

■ 若要从前景色创建新色板，请单击"创建新色板"按钮。

■ 若要使用色板作为前景色，请单击它。

■ 若要使用色板作为背景色，请按住Alt/Option键并单击它。

■ 若要删除色板，请单击该色板，然后单击"删除色板"按钮。

要组织和查找色板，请执行以下操作：

在"色板"面板中，执行以下任意操作：

- 若要重命名色板，请单击该色板，然后从面板菜单中选择"重命名色板"选项。

- 要对色板进行分组，请在面板中选择它们，然后单击"新建色板组"按钮。还可以将色板拖放到面板的组中或从组中拖出，并将组嵌套到其他组中（图11.5）。

- 若要重新排列面板中的色板或组，请将它们拖动到其他位置。

- 要搜索色板，请在面板顶部的搜索色板字段中输入其名称。

图 11.5 通过将色板分组来保持色板集合的有序性

要保存和导出色板，请执行以下操作：

在"色板"面板中，执行以下任意操作：

- 要将最近使用的颜色保存为色板，请在面板顶部单击该颜色，然后单击"创建新色板"按钮。

- 要保存色板或组以在Photoshop中使用，请单击它们，然后从面板菜单中选择"导出所选色板"选项。

- 要保存色板或组以在Illustrator或InDesign中使用，请单击它们，然后从面板菜单中选择"导出色板以供交换"选项。注意，也可以将色板保存到创意云库中，以便在应用程序之间共享它们。

TIP 若要始终查看色板的名称，请从"色板"面板菜单中选择"小列表"或"大列表"选项。

TIP 若要从色板创建新的颜色填充层，请将色板从"色板"面板拖动到画布。

TIP 在"颜色选择器"中单击"添加到色板"按钮，以立即创建新色板。

TIP 通过从面板菜单中选择"旧版色板"选项，可以将数百个预制色板添加到面板中。

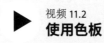

视频 11.2
使用色板

扫码看视频

采样和查看颜色值

在Photoshop中，有两个选项用于采样和查看图像中的颜色值。使用"吸管"工具，可以单击以使用采样的颜色作为前景或背景颜色。使用"颜色采样器"工具，可以在图像上放置多达10个持久采样点，并使用"信息"面板中的选项查看其颜色值。当应用颜色校正时，可以看到这些颜色值是如何变化的，并将其作为获得所需结果的指南。

要使用"吸管"工具采样颜色，请执行以下操作：

1. 在"工具"面板中单击"吸管"工具(✏️)，或按I键。

2. 在选项栏上选择"取样大小"选项。取样点是单击的像素的精确值。其他选项是单击周围区域的平均颜色值。

3. 在"样本"菜单中选择要对颜色进行采样的图层。

4. 选择"显示采样环"选项，在"吸管"工具周围显示一个大环，显示其替换为前景或背景颜色的颜色上方的采样颜色 (图11.6)。

5. 若要选择新的前景色，请单击或拖动并释放鼠标左键。要选择新的背景色，请在单击或拖动时按住Alt/Option键，然后释放鼠标左键。

> **TIP** 使用绘制工具时，可以在不切换工具的情况下采样颜色。只需按住Alt/Option键即可随时访问"吸管"工具。单击以采样颜色，释放鼠标左键后可以立即开始使用新颜色进行绘制。

> **TIP** 可以在屏幕上的任何地方采样颜色，甚至在Photoshop之外。单击图像内部，然后拖动而不释放鼠标左键，直到光标位于要采样的颜色上。

> **TIP** "吸管"工具的样本大小也由魔棒、背景橡皮擦和魔术橡皮擦使用。

要使用"颜色采样器"工具和"信息"面板查看颜色值，请执行以下操作：

1. 通过执行"窗口"→"信息"命令来显示"信息"面板。

2. 从"工具"面板中选择"颜色采样器"工具 (✏️)。

3. 在选项栏上选择"采样大小"选项。采样点是单击的像素的精确值。其他选项是单击周围区域的平均颜色值。

4. 单击要测量图像中颜色值的位置（最多10个采样点）。该值将显示在"信息"面板中。

5. 拖动采样点以移动它。按Alt/Option键单击采样点可将其删除。单击选项栏上的"清除全部"按钮可一次删除所有采样点。

图 11.6 采样环的上半部分显示了从向日葵中采样的黄色

6. （可选）在"信息"面板中，单击采样点旁边的小三角形以更改其显示的值的颜色模式（图11.7）。按住Alt/Option键单击，为所有采样点选择新的颜色模式。

图 11.7 单击"信息"面板中的采样点，为其选择不同的显示颜色模式

默认情况下，如果使用调整图层（如色相/饱和度、色阶或曲线）更改图像中的颜色值，则在原始值右侧的"信息"面板中显示每个采样点的新颜色值（图11.8）。如果合并或拼合调整图层，则更改将变为永久性更改，这样只能看到新的颜色采样值。通过从"信息"面板菜单中选择"面板选项"并启用"总是显示复合颜色值"选项，也可以只显示新值，而不进行拼合或合并。

TIP 通过按住Shift键单击图像，可以使用吸管工具放置颜色采样点。

TIP 采样点与图像一起保存，如果关闭并重新打开文件，采样点将被保留。

TIP 如果切换到"吸管"或"颜色采样器"以外的工具，则"颜色采样器"图标将从画布中消失，当再次选择其中一个工具时，"颜色采样器"图标会重新出现。

图 11.8 "信息"面板上的三个采样点显示它们的原始值以及"曲线"调整后的值

使用双色调

双色调是由一个8位灰度通道组成的图像,可以用一到四种墨水打印。它们可以用于为灰度图像添加色调,或者通过使用黑色和灰色墨水打印来扩展色调范围。要创建双色调,请从灰度图像开始,然后用曲线将所需的墨水映射到灰度值。即使不打印图像,仍然可以使用双色调来产生创造性的彩色图像效果,增加动态范围。

要创建双色调,请执行以下操作:

1. 如果从彩色图像开始,请执行"图像"→"模式"→"灰度"命令将其转换为灰度。

2. 执行"图像模式"→"双色调"命令。

3. 在"双色调选项"对话框中,选择"单色调""双色调""三色调"或"四色调"作为"类型"选项。

4. 对于每种墨水,单击颜色框打开"拾色器"并选择一种墨水。单击"颜色库"按钮,从诸如Pantone之类的配色系统中进行选择。为了获得最佳效果,请按从最暗(墨水1)到最亮的顺序选择墨水。

5. 对于每种墨水,单击曲线框并调整双色调曲线(图11.9)。

6. 单击"确定"按钮。

7. 如果计划将双色调放置在InDesign等页面布局程序中,请将其保存为Photoshop PDF格式,以便以后可以在布局中准确预览分色。

TIP 浏览"预设"菜单中的选项,查看使用各种墨水和曲线时图像的外观。

视频 11.3
创建双色调

扫码看视频

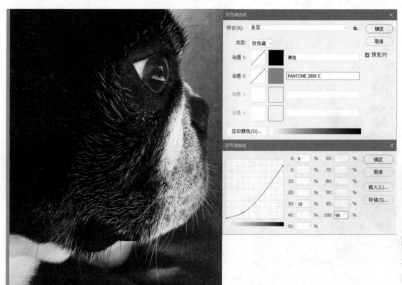

图 11.9 狗的双色调图像通过降低黑色墨水的曲线而使图像变亮

使用专色和专色通道

专色是色彩系统（如Pantone）中使用的预混合油墨，与使用工艺（CMYK）油墨的全色印刷相比，该油墨为设计师提供了以更低的成本使用可预测颜色进行印刷的能力。它们通常用于双色调，以及必须以绝对精确和一致的方式复制颜色时，例如公司徽标。专色也用于产生工艺油墨无法实现的颜色，并指定特殊印刷效果的区域，如透明清漆、箔纸或压花。印刷时，专色与其他颜色分别印刷在不同的印版上。在Photoshop中，它们由专色通道表示，这些通道可以从头开始创建、从其他通道转换或合并到一起。

要创建新的专色通道，请执行以下操作：

1. （可选）选择要使用专色填充的图像部分。
2. 在"通道"面板菜单中，选择"新建专色通道"选项。

3. 在"新建专色通道"对话框中，单击"颜色"框，然后使用"拾色器"选择专色颜色。如果要指定Pantone颜色，请单击"颜色库"按钮，然后使用"色库"菜单选择颜色。

4. 如果使用的是配色系统中的专色，则会自动输入名称。请勿更改此名称，否则专色可能无法正确打印（或根本无法打印）。或者输入专色通道的名称。

5. 输入"密度"值。此选项控制专色的密度，100%为完全不透明（图11.10）。

6. 单击"确定"按钮。

TIP 要更改现有专色通道的名称、颜色或密度，请在"通道"面板中双击其缩略图。

如果选择保存为Alpha通道，则可以使用它创建一个新通道来打印专色或其他效果，如透明清漆。

图11.10 创建一个新通道以专色打印此图像中的文本

要将Alpha通道转换为专色通道，请执行以下操作：

1. 通过执行"选择"→"取消选择"命令或按快捷键Ctrl/Command+D，确保没有活动的选择。

2. 在"通道"面板中，双击Alpha通道缩略图。

3. 在"通道选项"对话框中选择"专色"选项。

4. 单击"颜色"框，然后在"拾色器"中选择一种颜色，或者单击"颜色库"按钮，然后选择一种自定义颜色。单击"确定"按钮关闭"拾色器"。如果使用专色通道来指示用于打印效果的区域，如压花或清漆，则选择的颜色无关紧要，因为它不会被打印。

5. 如有必要，重命名通道，然后单击"确定"按钮。通道中的灰度值将用于专色通道（图11.11）。

要更改带有专色通道的文档，使其仅使用墨水处理打印，请将专色通道与处理通道合并。注意，如果不能用CMYK墨水表示专色，则几乎可以肯定文件的外观会发生变化。合并通道时，图层也将被拼合。因此，在合并之前，请始终使用专色通道创建文件的备份副本。

要将专色通道合并到处理通道，请执行以下操作：

1. （可选）双击要合并的通道以打开"专色通道选项"对话框，并调整"密度"值，使图像具有所需的外观。单击"确定"按钮。

2. 在"通道"面板中，单击要合并的专色通道。

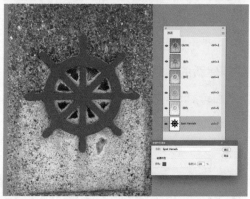

图 11.11 双击Alpha通道缩略图可以将其转换为专色通道，用于指示打印机在哪里涂清漆等用途

3. 在面板菜单中选择"合并专色通道"选项。图像被拼合,专色通道被删除并与处理通道合并(图11.12)。

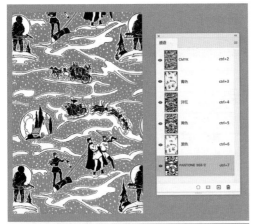

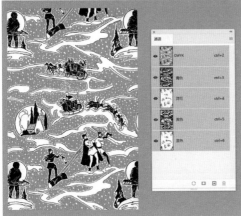

图 11.12 合并专色通道后,此图像中的绿色将使用处理过的CMYK墨水进行打印。

保持颜色外观一致

对色彩管理的全面探索可以填满整本书,所以深入研究这个主题远远超出了我们的学习范围。然而,您应该了解一些颜色管理的基本原理。

首先,颜色管理是为了补偿相机、扫描仪、显示器、打印机和其他设备的不同的特性,从而以不同的方式呈现相同的颜色值。颜色管理旨在使颜色可预测,并在设备之间尽可能一致。

颜色管理的主要工具是颜色配置文件,它描述设备(如相机、扫描仪或显示器)或一组输出条件(如特定印刷机、墨水和纸张的组合)的颜色能力。计算机的操作系统和Photoshop使用颜色配置文件执行四项任务:打开文件、在监视器上显示文件、编辑和打印/导出。需要记住的主要一点是,使用颜色配置文件,可以转换在不同条件下一致再现图像所需的颜色值。

数码相机通常在拍摄的图像中嵌入配置文件。Photoshop使用这些配置文件来解释颜色。

但是,当创建一个新的Photoshop文档用于绘画或合成时,或者当文档中没有嵌入的配置文件时,Photoshop会返回到在"颜色设置"中选择的默认配置文件(工作区)。

哪些工作区最适合取决于图像是打印还是在屏幕上显示,以及工作流程的其他细节。如果有专业的打印服务提供商,可以用他们推荐的颜色设置和配置文件转换程序。否则,请使用以下步骤以获得最佳效果。

要选择专业打印的颜色设置：

1. 执行"编辑"→"颜色设置"命令。

2. 在"工作空间"下选择以下内容。

3. RGB: Adobe RGB。

4. CMYK: 有涂层的FOGRA39或无涂层的 FOGRA29，取决于您打算打印到有涂层的 纸还是无涂层的纸 (图11.13)。

5. 单击"确定"按钮。

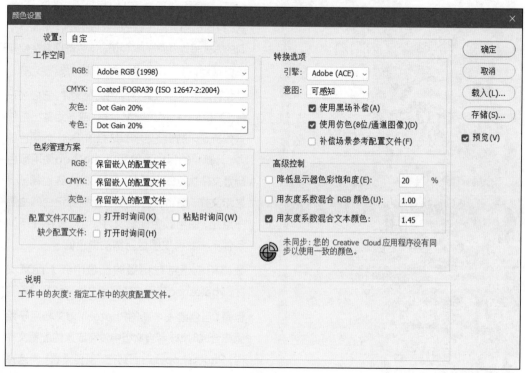

图 11.13 Adobe RGB和FOGRA39代替了打印服务提供商的"颜色设置"，是在涂层坯料上进行打印工作的好选择

要选择网页设计的颜色设置，请执行以下操作：

1. 执行"编辑"→"颜色设置"命令。

2. 执行"设置"为"北美Web/Internet"。将RGB工作空间设置为"sRGB IEC61966-2.1"，这是网络图像的标准，并将RGB图像转换到该空间（图11.14）。当打开或粘贴具有不同嵌入颜色配置文件的RGB图像时，Photoshop会在将这些颜色转换为sRGB之前进行询问。如果您希望自动进行转换，请取消勾选中这些复选框。

3.（可选）要更好地控制sRGB的转换，并有机会预览其在图像上的效果，请将"RGB色彩管理方案"更改为"转换为工作中的RGB"。在工作流中的某个时刻，您需要执行"转换为配置文件"命令或在"保存为Web"对话框中手动将图像转换为sRGB。

4. 单击"确定"按钮。

TIP 将光标移到"颜色设置"对话框中的任何设置上，可以查看它们的详细用途说明。

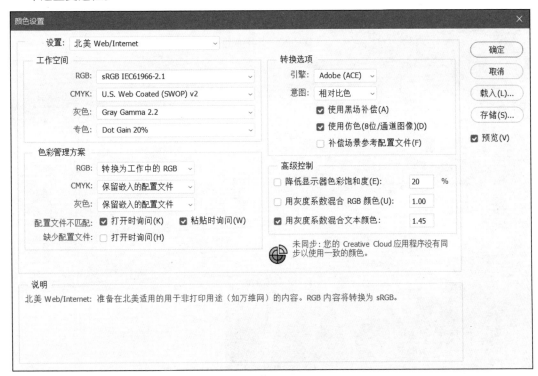

图 11.14 这些用于网络工作的Photoshop颜色设置将图像转换为sRGB

当这是您的工作流程的要求时，转换为配置文件是将RGB图像转换为CMYK以便在Photoshop中打印的最佳方法。

然而，在许多现代打印工作流程中首选RGB图像，因为它们允许打印服务提供商优化其设备和材料的CMYK转换。因此，请确认您确实需要在转换之前交付CMYK。

在任何情况下，都要在图像的原始颜色空间中保存图像的备份副本。"转换为配置文件"也可用于将图像从一个CMYK颜色空间转换到另一个，或从一个RGB颜色空间转换为另一个颜色空间，同时尽可能多地保持图像的当前外观。但是，超出目标空间色域的颜色将发生变化。

要转换为颜色配置文件，请执行以下操作：

1. 执行"编辑"→"转换为配置文件"命令。

2. 在"目标空间"下选择预期输出条件的颜色配置文件。文档将被转换为该颜色空间，并使用该配置文件进行标记（图11.15）。

3. 除非有特定的理由更改任何"转换选项"，否则请将其保留为默认值。

图 11.15 需要将RGB图像转换为CMYK进行打印时，"转换为配置文件"是首选方法

12

绘画

本章将介绍如何使用纯色、渐变色、图案以及过去版本的图像进行绘制。

在Photoshop中使用画笔绘画可以归结为几个基本步骤。选择使用画笔的工具，选择预设或创建新画笔，然后单击和/或拖动以进行绘制。画笔实际上是由重复应用笔画组成的，笔画可以间隔开以单独出现（例如，虚线），也可以重叠，效果是一个无缝的画笔。"画笔设置"面板和选项栏中有许多用于控制如何应用绘制的功能。

除了使用画笔或铅笔工具绘制前景色外，还可以使用"历史记录画笔"和"历史记录艺术画笔"等工具来恢复图像的部分内容，或从文档历史中以前的状态创建艺术效果。

其他工具扩大了绘画的可能性。渐变工具允许使用平滑的颜色过渡填充区域。使用"图案图章"工具可以使用图案进行绘制。

本章内容

使用画笔	200
使用历史记录画笔工具	206
使用历史记录艺术画笔工具	207
使用图案图章工具	208
使用渐变工具	209

使用画笔

使用画笔有几个基本任务：选择画笔、选择其选项、绘制（应用画笔笔划）、创建新画笔以及从其他来源加载画笔。

"画笔"工具或"铅笔"工具可以使用当前前景色进行绘制。"铅笔"工具只创建可能出现锯齿状和像素化的硬边线，在大多数情况下效果并不理想。另一方面，"画笔"工具允许应用具有软边的标记，并控制应用绘制的速率。

要使用"画笔"工具进行绘制，请执行以下操作：

1. 选择要绘制的前景色。

2. 从"工具"面板中选择"画笔"工具（✎）。

3. 通过执行以下操作之一选择画笔：

   ▶ 执行"窗口"→"画笔"打开"画笔"面板，然后单击画笔（图12.1）。

   ▶ 单击选项栏上的"画笔预设选取器"，然后单击一个画笔（图12.2）。

4. （可选）在"画笔设置"面板或"画笔预设选取器"中自定义画笔设置。

5. （可选）在选项栏上，自定义画笔选项。

图 12.1 在"画笔"面板中可以选择画笔，更改其大小，按名称搜索画笔，将其分组，并快速访问最近使用的画笔和"画笔设置"面板

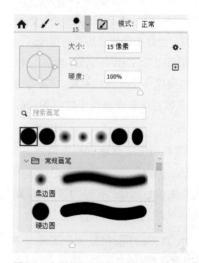

图 12.2 "画笔预设选取器"可以方便地访问画笔和修改画笔的相关控件

6. 在图像中单击并拖动。若要绘制任意角度的直线,单击,然后按住Shift键,然后在其他位置再次单击。若要绘制水平线或垂直线,按住Shift键单击,然后将光标移动到希望线结束的位置,再次单击。

除了使用鼠标、触控板或手写板手动应用画笔笔划外,还可以使用画笔将笔划应用到路径。

要使用画笔沿路径绘制,请执行以下操作:

1. 在"图层"面板中,单击要在其上绘制的图层。

2. 将前景色设置为要沿路径绘制的颜色。

3. 在"画笔"面板(执行"窗口"→"画笔"命令)中选择画笔和大小。

4. 在"路径"模式下,使用任何"笔"工具或"形状"工具绘制路径。

5. 在"路径"面板中,单击"用画笔描边路径"按钮(○)或按Enter/Return键(图12.3)。

TIP 若要将所有绘制工具选项快速复位为默认值,请在选项栏上的"工具预设选取器"按钮(✏)上右击,然后在弹出的快捷菜单中选择"复位工具"选项。

TIP 使用任何绘制工具时,可以右击图像区域中的任何位置,以快速访问"画笔预设选取器"。

TIP 在绘制时,可以通过按Alt/Option键在图像上的任何位置单击来快速采样要绘制的图像中的颜色。这将显示HUD(平视显示器)颜色选择器。内圈的上半部分显示正在采样的颜色,下半部分显示正在绘制的当前颜色。

图 12.3 可以将画笔笔划快速精确地添加到任何形状

画笔设置和选项

画笔的神奇之处在于可以通过多种方式自定义它们。组合和微调这些设置和选项的能力实际上为您提供了触手可及的几乎无限多样的画笔。以下是可以在"画笔设置"面板中设置的内容。

- **大小：** 画笔的直径（以像素为单位）。可以通过按[键和]键来更改"大小"值。

- **硬度：** 以完全"不透明度"值绘制的画笔直径的百分比。较低的百分比会使柔和的画笔笔划逐渐变细，直到变为透明。较高值使画笔笔划具有清晰的边缘（图12.4）。从图像中采样的画笔不使用硬度。要以25%的增量更改硬度值，请按快捷键Shift+[或Shift+]。

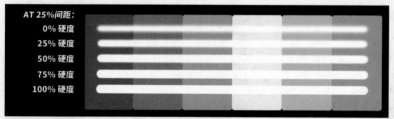

图 12.4 具有75像素圆形画笔和默认间距的各种硬度值

- **圆度和角度：** 画笔的高度与宽度的比率以及画笔尖端相对于画布的角度。角度对使用简单的圆形画笔绘制的笔划没有影响。除了输入数值外，还可以通过单击和拖动光标的方式更改这些值。拖动白色小圆圈以更改"圆度"。单击或拖动光标以更改"角度"。

- **间距：** 画笔笔划中各个画笔标记之间的距离，以画笔直径的百分比表示。默认值25%可能会产生凹凸不平的画笔笔划，尤其是在使用高硬度时。将其设置为10%，可在任何硬度下使画笔笔划更平滑。如果希望看到单独的画笔标记，请增加"间距"值。禁用"间距"选项后，间距由光标速度决定（移动速度越快，间距越大）（图12.5）。

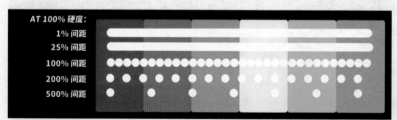

图 12.5 使用75像素圆形画笔和100%硬度的各种间距值

- **高级选项：** 列在"画笔设置"面板的左侧，包括"形状动态""颜色动态""散布""纹理"等。选择其他画笔时，单击锁定图标以保留这些选项。从面板菜单中选择"清除画笔控制"选项以全部重置。

在"选项"面板上还可以设置以下选项。

- **模式:** 绘制模式。选择"正常"以在绘制像素时替换像素。选择"背后"仅在透明区域上绘制(因此效果是在现有内容后面绘制)。选择"清除"可在绘制时将像素擦除为透明。(若要动态访问"清除"模式,请在绘制时按住波浪号(~)。)其他混合模式将前景色与绘制的现有内容混合。(有关混合模式的更多信息,请参阅第10章。)

- **不透明度:** 画笔笔划的不透明度。使用滑块或按单个数字键以10%的增量设置不透明度级别(例如,按5以50%的不透明度进行绘制,按0以100%的不透明度绘制)。快速按两个数字键以设置更具体的百分比(例如,按75以75%的不透明度进行绘制)。

- **流量:** 画笔应用绘制的速率(不适用于"铅笔"工具)。百分比越高,达到完全"不透明度"值所需的笔划就越少。使用滑块或按住Shift键并按数字键来设置流量。

- **喷枪 (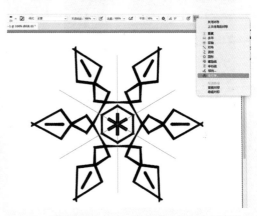):** 单击时连续应用绘制(即使光标没有移动),直到整个画笔尖端区域达到完全的"不透明度"值(不适用于"铅笔"工具)。想要慢慢建立画笔笔划的效果时,它与低"流量"值结合使用最为有用。

- **平滑:** 减少画笔笔划中的抖动量,使其外观更平滑。增加"平滑"值时,画笔笔划滞后于光标。"平滑"值为0时,画笔笔划将完全跟随光标。使用滑块或按住Alt/Option键并按数字键来设置流速。单击齿轮图标以访问各种平滑模式。

- **角度:** 画笔尖端的角度(不影响圆形画笔)。按左箭头键可将画笔角度正向旋转1°,按右箭头键可反向旋转1°。按Shift键,以10°为增量进行旋转。

- **自动抹除:** 当画笔笔划在包含前景色的区域中开始时,使用背景色进行绘制(仅适用于"铅笔"工具)。

- **对称性:** 以各种风格绘制每个画笔笔划的多个镜像副本(图12.6)。要使用对称绘制,请单击蝴蝶图标( ) 并选择所需的对称类型。变换控制柄显示在"对称路径"上,因此可以缩放、旋转或移动对称区域,这些区域称为线段。完成后,单击"提交变换"按钮。使用径向和曼陀罗可以设置线段的数量。也可以使用"画笔"工具或"形状"工具绘制的任何选定路径来定义对称线段。若要禁用"对称"选项,请单击蝴蝶图标,然后选择"关闭对称"选项。

图 12.6 对称绘画时,只需几笔就可以做出复杂的设计

创建新的基本画笔预设:

1. 从"工具"面板中选择"画笔"工具（🖌）。然后执行"窗口"→"画笔设置"命令，或单击选项栏上的"画笔设置"按钮（📝）。

2. 在"画笔设置"面板中单击画笔尖端形状。

3. 使用面板中的控件设置基本选项，如"大小""角度""圆度""硬度"和"间距"。

4. （可选）单击面板左侧的类别以添加高级选项，如"形状动态""散布"和"纹理"。

5. 在面板底部单击"创建新画笔"按钮。为画笔指定一个描述性名称，并决定是否要在预设中包含大小、颜色和工具选项。单击"确定"按钮（图12.7）。

6. （可选）通过将新画笔预设拖动到现有组中，将其添加到画笔组中。或者，单击"新建组"按钮创建一个新的画笔组，并将新画笔拖到其中。注意，画笔必须在组中才能导出或导入。

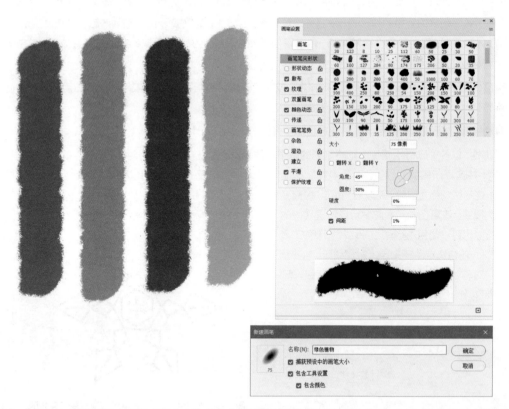

图 12.7 保存一个新画笔，该画笔使用多个选项，如"角度""圆度""散布""纹理"和"颜色动态"。注意，还可以使用画笔保留大小、工具设置和颜色

也可以从图像中创建画笔预设。注意，画笔不会保留采样图像中的任何颜色，并在绘制时使用前景色（图12.8）。

如果选择彩色图像，则画笔尖端图像将转换为灰度。应用于图像的任何图层蒙版都不会影响画笔尖端的定义。

要从图像创建画笔预设，请执行以下操作：

1. 选择要用作自定义画笔尖端的图像区域。

2.（可选）按快捷键Ctrl/Command+T变换（缩放、翻转、旋转）选定的内容，使其与希望的画笔尖端外观相匹配。

图 12.8 通过创建由该图像制成的笔尖，可以使用花朵进行绘制。请注意，每个画笔标记中的不同颜色来自"颜色动态"设置，"前景/背景抖动"设置为100%

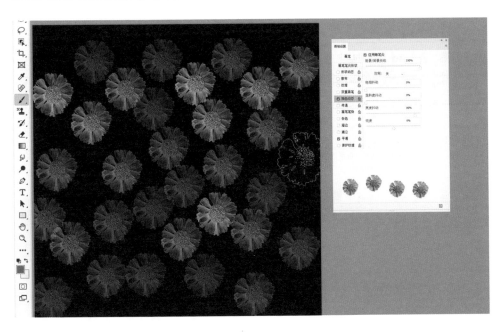

3. （可选）使所选内容羽化以软化画笔。图像画笔的"硬度"选项处于禁用状态，因此需要使所选内容顺滑以软化画笔。执行"选择"→"修改"→"羽化"命令，然后在对话框中输入所需的羽化值作为"羽化半径"，然后单击"确定"按钮。

4. 执行"编辑"→"定义画笔预设"命令，命名画笔，然后单击"确定"按钮。

除了创建自己的画笔，您还可以从同事那里加载画笔，或者从互联网上购买和下载画笔。Adobe为创意云用户提供了由艺术家Kyle T.Webster设计的大量画笔包，作为奖励。

要加载画笔和画笔包，请执行以下操作：

从"画笔"面板菜单中选择以下选项之一：

- 导入画笔。然后导航到Adobe画笔文件（ABR）并打开它。或者，只需双击画笔文件即可导入。

- 获取更多画笔。进入Adobe网站上的页面，在那里可以浏览和下载Kyle的Brush Pack。下载后，双击画笔文件（ABR）将其导入。

使用历史记录画笔工具

"历史记录画笔"工具允许通过在图像的部分上绘制来将其恢复到早期的历史状态。

要使用历史记录画笔进行绘制，请执行以下操作：

1. 在"工具"面板中单击"历史记录画笔"工具（）。

2. 在选项栏上选择画笔和画笔选项、"混合模式""不透明度""流量"和"角度"。

3. 执行"窗口"→"历史记录"命令，打开"历史记录"面板。

4. 在"历史记录"面板中，单击要用作"历史记录画笔"工具绘制源的状态或快照左侧的框。画笔图标将显示在该状态或快照旁边。

5. 拖到图像中要用选定历史记录状态中的像素替换的部分（图12.9）。

TIP 因为Photoshop保存的历史状态数量有限，所以最好保存要绘制的状态的快照。否则，在执行更多步骤时，它可能会从面板中消失。

 视频 12.1
画笔选项设置
 扫码看视频

 视频 12.2
用历史记录画笔工具
 扫码看视频

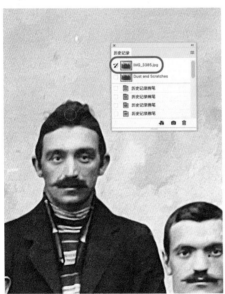

图 12.9 使用"蒙尘和划痕"滤镜可以立即去除这张古董照片中的许多缺陷,代价是去除男人脸上的重要细节。但是,这些细节可以使用"历史记录画笔工具"以文档的原始状态(在"历史记录"面板中)作为源重新绘制

使用历史记录艺术画笔工具

与"历史记录画笔"工具一样,"历史记录艺术画笔"工具允许使用在"历史记录"面板中选择的历史状态或快照中的像素进行绘制。该工具的独特之处在于它通过将"历史记录"面板中的数据与选项栏上设置的选项相结合来创建样式化的画笔笔划。

要使用"历史记录艺术画笔"进行绘制,请执行以下操作:

1. 在"工具"面板中,单击并长按"历史记录画笔"工具(🖌),以显示并选择"历史记录艺术画笔"工具 (🖌)。

2. 在选项栏上,选择画笔和选项,如"混合模式""不透明度""样式"(绘制笔划的形状)、"区域"(值越大,应用的笔划越多,每个笔划覆盖的面积越大)和"容差"(可以应用画笔笔划的区域)。

3. 执行"窗口"→"历史记录"命令,打开"历史记录"面板。

4. 在"历史记录"面板中,单击要用作"历史记录艺术画笔"工具绘制源的状态或快照左侧的框。画笔图标将显示在该状态或快照旁边。

5. 在图像中拖动以进行绘制 (图12.10)。

TIP 使用"**历史记录艺术画笔**"工具时,使用相对较小的画笔大小 (小于50像素) 以获得最佳效果。

使用图案图章工具

"图案图章"工具可以使用图案而不是纯色进行绘制。

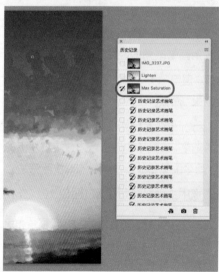

图 12.10 使用"历史记录艺术画笔"工具以历史快照为源创建绘画效果

要使用图案进行绘制，请执行以下操作：

1. 在"工具"面板中，单击并长按"仿制图章"工具 (👤)，以显示并选择"图案图章"工具 (✲👤)。

2. 从选项栏或"画笔"面板上的"画笔预设"菜单中选择一个画笔。

3. 在选项栏上选择"图案"选项，然后设置"模式""不透明度""流量"和"角度"以进行绘制。

4. （可选）在选项栏上，启用"对齐"选项，以使用多个画笔笔划及一个无缝图案进行绘制。禁用该选项可使图案在每个画笔笔划的不同点开始。启用"印象派效果"可以使用图案中的纯色进行绘制，但不使用图案的细节。

5. 在图像中拖动（图12.11）。

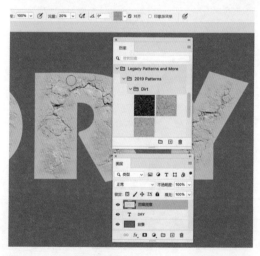

图 12.11 通过使用图案进行绘制，可以将纹理添加到所需的位置

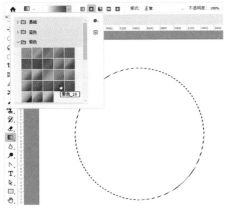

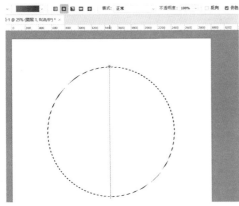

图12.12 使用"径向渐变"预设,通过在圆形中以偏离中心拖动的方式来创建三维球体效果

使用渐变工具

可以使用"渐变"工具的预设渐变或自己制作的渐变,也可以使用多种颜色之间的混合填充图像中的区域。

要使用"渐变"工具应用渐变,请执行以下操作:

1. 如果不想用渐变填充整个当前图层,请选择要填充的区域。

2. 在"工具"面板中,单击并长按"油漆桶"工具(⬧),以显示并选择"渐变"工具(▬)。

3. 在选项栏上,通过执行以下操作之一选择渐变:

   ▸ 单击渐变预览旁边的三角形以选择渐变预设。

   ▸ 在渐变预览内部单击以打开"渐变编辑器"。在"渐变编辑器"中,选择预设或使用控件创建新的渐变。

4. 在"选项"栏上,设置其余的渐变选项,如"类型""模式""不透明度"等。

5. 将光标放在图像中要设置渐变起点的位置并拖动。松开鼠标左键以设置终点。拖动时按住Shift键,将渐变角度约束为45°的倍数(图12.12)。

视频 12.3
使用渐变

扫码看视频

编辑渐变

渐变由"不透明度色标""颜色色标"和它们之间的中点组成。"颜色色标"确定渐变中混合的颜色,"不透明度色标"确定渐变上任何点的不透明度。

使用"渐变编辑器"可以通过更改色标的颜色和位置以及中点的位置来创建渐变预设。可以从头开始,也可以选择从现有的预设开始。

若要打开"渐变编辑器",请在使用"渐变"工具时单击选项栏上的渐变预览,或者打开"渐变"面板(执行"窗口"→"渐变"命令),然后单击"新建渐变"按钮。

在"渐变编辑器"中,"不透明度色标"由附着到渐变顶部的正方形和三角形表示。颜色色标看起来是一样的,但都附着在底部。使用以下方法编辑渐变。

*   双击"颜色色标"以更改其颜色。

*   将"颜色色标"或"中点"拖动到其他位置(或在下面的控件中用数字设置"位置")。

*   若要移除"颜色色标",请将其从渐变中拖动。

*   要复制"颜色色标",按住Alt/Option键单击,然后将新的色标拖动到其他位置。

*   若要更改"不透明度色标"的百分比,请单击它以更改下面控件中的"不透明度"值。

*   若要添加"颜色色标"或"不透明度色标",请单击渐变的正下方或正上方。

*   单击"新建"按钮以创建新的渐变预设。

可以使用相同的控件从选项栏或"属性"面板修改形状图层的渐变填充(图12.13)。

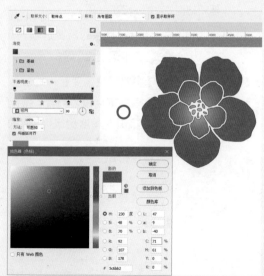

图 12.13 双击"颜色色标"以打开颜色编辑器,并为色标选择新的颜色

13

修补图像

Photoshop提供了几种强大的照片修饰方法。无论是修补一些小斑点，或者以无缝的方式重新安排主要的图像细节，还是介于两者之间的任何事情，都有一个适合这项工作的工具。

您可以用图像中其他地方的像素或单独图像中的像素来修饰某个区域，也可以一起或单独替换或修复颜色和细节。当您想移动对象或填补空白时，可以利用内容识别工具，这些工具可以智能地添加逼真的细节，并需要使用多个修饰工具来修复图像中的缺陷。

无论使用哪种（或多少种）工具，都应始终在新图层或重复图层上进行无损处理。这样可以随时灵活地混合、修改或删除修饰的像素，并保留原始的未经修饰的图像。

本章内容

使用污点修复画笔工具	212
使用修复画笔工具	213
使用修补工具	214
使用红眼工具	216
使用仿制图章工具	217
使用内容识别填充	219
使用内容识别移动工具	220
使用替换颜色	222

使用污点修复画笔工具

"污点修复画笔"工具提供了一种快速修复图像中简单缺陷的方法，只需拿起"一把刷子"单击（或拖动）想去掉的东西即可。该工具会自动尝试匹配周围像素的外观，以便进行无缝修复。它非常适合去除外观相对均匀区域的瑕疵、划痕和其他小缺陷。

要使用"污点修复画笔"工具修复图像的小缺陷，请执行以下操作：

1. 在"工具"面板中单击"污点修复画笔"工具（），将其选中。

2. 在选项栏上选择一个画笔。

3. 选择混合模式为"正常"。"正常"在大多数情况下效果最好，它保留了周围像素的细节。如果只想使修复区域变亮或变暗，请选择"变亮"或"变暗"选项。

4. 选择一种类型。"内容识别"在大多数情况下效果最好，因为它考虑了周围区域的细节和边缘。"创建纹理"尝试在画笔笔划内生成纹理。"近似匹配"仅以画笔笔划边缘的像素为单位。

5. 将光标移动到要修复的区域上方。按[键或]键使画笔大小略大于缺陷，然后在短笔划中单击或拖动一次。根据需要重复上述步骤以修复图像中的其他缺陷（图13.1）。

> **TIP** 降低工作图层的"不透明度"以获得更细微的更改。

> **TIP** 显示或隐藏图层，以评估与原始图层相比经过修饰的区域。如果需要，请使用"橡皮擦"工具并重试。

图 13.1 设置选项后，单击或使用"污点修复画笔"工具拖动，以消除图像中不需要的细节。它可以快速完成任务，例如清除百合花上的虫子

使用修复画笔工具

使用"修复画笔"工具可以修复图像缺陷并删除不需要的元素。与"污点修复画笔"工具不同,"修复画笔"工具允许从当前文档或以相同颜色模式打开的另一个文档中拾取它用作修复源的区域。该工具还试图通过比较图像中的纹理、亮度和不透明度来创建无缝修复,其结果通常较好。

要使用"修复画笔"工具修复图像缺陷,请执行以下操作:

1. 在"工具"面板中,单击并长按"污点修复画笔"工具（ ），以显示"修复画笔"（ ）工具并将其选中。

一般修饰技巧

无论使用哪种工具,在修饰方面都有一些常见的最佳做法。

第一种是处理重复的图层或新的空图层。这样,您总是可以返回到原始图层,并且可以降低经过修饰的副本图层的"不透明度",使其与原始图层混合,以实现更细微的更改。要在"图层"面板中进行复制,请单击要修饰的图层,然后按快捷键Ctrl/Command+J。

另一种最佳做法是确认已在选项栏上选择了"对所有图层采样"选项。如果用一个修饰工具没有得到预期的结果（或者根本没有得到任何结果）,那么打开这个选项很可能会解决问题。

2. 在选项栏上选择画笔和混合模式。在许多情况下,"正常"工作效果良好。使用软边画笔时,使用"替换"可以保留更多的纹理。当整个缺陷比周围区域暗或亮时,请选择"变亮"或"变暗"选项。当只想更改愈合区域的颜色（而不是细节）时,请使用"颜色",反之则使用"明度"。

3. 使用选项栏上的"源"指定用于修复的像素的源。"取样"使用图像中的像素。"图案"使用从图案弹出的面板中选择的图案中的像素。

4. （可选）如果希望采样像素区域在每次单击或用画笔笔划时随光标移动,并保持其相对位置,请启用"对齐"选项。禁用该选项时,在每个画笔笔划开始时使用来自初始采样点的像素。

5. 对于"取样",选择"当前图层""当前和下方图层"或"所有图层",以确定在采样像素时要考虑哪些图层。（从不使用隐藏图层中的像素。）

6. 调整"扩散"值以确定愈合的像素与周围区域混合的速度。较低的值保留精细的细节,值越高,效果越平滑。

7. 按Alt/Option键单击要从中采样像素的图像区域以设置采样点。

8. 使用图像中的"修复画笔"工具进行拖动。释放拖动时,Photoshop会使用采样像素来修复缺陷（图13.2）。

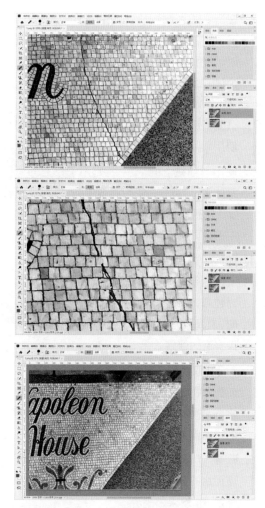

图 13.2 "修复画笔"工具非常适合修复裂缝、撕裂和其他线性缺陷

使用修补工具

"修补"工具可以轻松地从图像中删除缺陷和其他不需要的项目。选择缺陷，然后将所选内容拖动到要用作替换的图像区域上。也可以颠倒过程，从一个好的区域（称为"目标"）中进行选择，并将其拖到问题区域（"源"）上。使用此工具可以修补污渍、划痕和斑点，以及较大的对象，如分散注意力的人或物体。使用"内容识别"选项可以生成无缝融合的结果。

要使用"修补"工具删除不需要的详细信息，请执行以下操作：

1. 在"图层"面板中选择具有缺陷的图层。

2. （可选）使用任何选择工具进行选择。

3. 在"工具"面板中，单击并长按"污点修复画笔"工具(✏️)，以显示"修补"工具 (🔘)。

4. 设置修补程序模式。"内容识别"通常会产生最佳结果，并且是使用所有可见图层的信息生成修补程序的唯一方法（选择选项栏上的"对所有图层采样"选项）。"结构"和"颜色"选项的值越大，"源"的细节和颜色就越多。"正常"模式生成的补丁不能实现无缝，但提供了独特的选项，如用图案填充补丁。选择"目的地"选项，在移动补丁以覆盖缺陷之前，使用初始选择区域来定义补丁。

5. 拖动要替换的缺陷（或者保留现有选择（如果有））。或者，按住Alt/Option键使"修补"工具的行为与"多边形套索"工具类似，然后单击以使用直边进行多边形选择。

6. 将所选内容拖动到图像中要用作补丁的区域
（图13.3）。如果选择了"正常"模式并使用
目标选项，则将所选补丁拖动到要替换的区
域（图13.4）。

视频 13.1
使用修补工具

扫码看视频

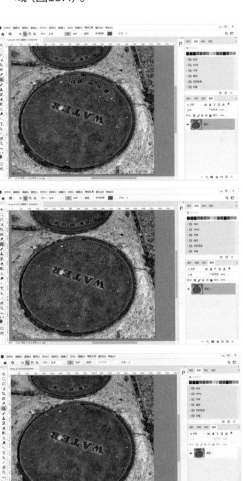

图 **13.3** 使用"修补"工具，可以通过选择不需要的元素并
将其拖动到包含要用作修补的像素的区域来删除这些元素

图 **13.4** 如果希望选择一个好的区域并将其拖到有问题
的区域，请选择"目的地"选项

使用红眼工具

当闪光灯发出的光线从视网膜背面反射时, 使用"红眼"工具可以快速修复人或动物照片中出现的难看的红色瞳孔。获得好的结果有时需要一点尝试和错误, 由于"红眼"只有两种设置, 所以可以快速进行实验并找到正确的值来完成任务。

要修复人或宠物的红眼, 请执行以下操作:

1. 复制包含"红眼"主题的图层。

2. 放大拍摄对象的红眼睛。

3. 在"工具"面板中, 单击并长按"污点修复画笔"工具 (🩹), 以显示"红眼"工具 (+👁)。

4. 在选项栏上设置"瞳孔大小"和"变暗量"。为了获得最佳效果, 可能需要为每只眼睛使用不同的值。

5. 单击受试者瞳孔的中心。如果对结果不满意, 请撤销, 调整值, 然后重试 (图13.5)。

TIP 如果受试者的虹膜仍有红色, 请使用"颜色替换"工具进行修复。

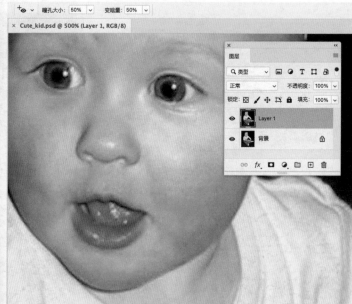

图 13.5 消除红眼通常只需单击几下

使用仿制图章工具

使用"仿制图章"工具可以复制图像中的元素，也可以通过绘制或"克隆"像素副本将其从一个区域复制到另一个区域来删除。也可以将像素从一个文档"克隆"到另一个文档，只要这些文档都使用相同的颜色模式。与"修复"和"修补"工具不同，Photoshop不使用"仿制图章"工具执行任何自动混合。

要使用"仿制图章"工具修饰图像，请执行以下操作：

1. 在"工具"面板中，单击"仿制图章"工具（ 👤 ）以将其选中。

2. 在"选项"栏上，选择"画笔"（"软圆形"通常效果良好）、"模式"（大多数为"正常"）、"不透明度"（克隆像素）、"角度"（画笔尖端与画布的角度，对圆形画笔没有影响），以及工具是从"当前图层""当前和下方图"还是"所有图层"采样。

3. （可选）单击选项栏上的"仿制源"面板 图标(🖼) 以打开该面板，从最多五个选项中指定源，并在应用像素时转换像素。

4. （可选）调整流量（应用克隆像素的速率）。更高的流量意味着需要更少的单击或拖动才能达到完整的"不透明度"值。

5. （可选）启用"对齐"选项，在每次单击或使用画笔移动光标采样像素区域时，保持其相对位置。关闭时，Photoshop会为每个画笔使用初始采样点的像素。

6. 按住Alt/Option键单击要克隆的像素以对其进行采样。

7. 创建一个新的空图层并保持选中状态。通过将"克隆"的像素放在该图层上，可以进行无损工作。

8. 按[键或]键可更改画笔大小。"克隆"的源像素的预览将显示在画笔光标内。

9. 单击或拖动以应用"克隆"像素的短画笔笔划（图13.6）。

10. （可选）若要在画笔笔划之间设置新的源点，请在源文档中的其他区域按Alt/Option键。在笔划之间更改画笔大小也可以避免明显的"克隆"痕迹。

> **TIP** 要防止明显的重复元素（也称为"克隆"痕迹），请使用"仿制图章"工具中的短笔划，并使用来自不同区域的多个样本。

TIP 使用"渐隐仿制图章"工具,可以更改"克隆"像素的"不透明度"和"混合模式",以便更好地将它们与周围内容融合。"克隆"后立即执行"编辑"→"渐隐仿制图章"命令。它甚至可以在只包含背景图层的扁平文档中工作。

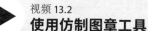
视频 13.2
使用仿制图章工具

扫码看视频

图 13.6 与其他修饰工具相比,使用"仿制图章"工具需要更多的时间和精力,但它能够比其他修饰方法更直接地控制结果

使用内容识别填充

"内容识别填充"提供了一种功能强大但相对简单的方法，即可以从图像中删除不需要的对象。调用"内容识别填充"时，Photoshop会切换到一个新的工作区，只显示使用此功能的工具和选项，可以将结果输出到当前图层或新图层。

图13.7 去除这张图片中的鸟的第一步是选中它

要使用"内容识别填充"从图像中删除对象，请执行以下操作：

1. 选择要删除的内容。可以使用任何选择方法，完全选择不需要的对象（图13.7）。

2. 执行"编辑"→"内容识别填充"命令。界面切换到"内容识别填充"工作空间。左侧显示了带有采样区域覆盖的原始图像，指示Photoshop将从何处采样细节以填充所选区域。中间是一个预览区域。右边是可以用来微调替换像素外观的控件（图13.8）。

3. （可选）使用采样区域选项来细化采样区域。

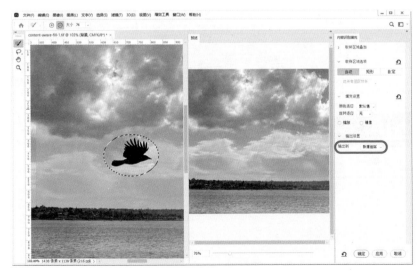

图13.8 "内容识别填充"工作区。请注意将替换像素输出到"新建图层"的选项

4. 在"输出设置"中，可以选择"输出到"当前图层（通常不推荐，因为这是一个破坏性的更改）、当前图层的副本或仅包含修改像素的新图层。

5. 单击"确定"按钮应用"内容识别填充"并返回到以前的工作区（图13.9）。

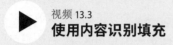

视频 13.3
使用内容识别填充

扫码看视频

使用内容感知移动工具

使用"内容感知移动"工具，可以无缝地重新定位图像的元素。移动选择时，Photoshop会自动重新合成图像，用周围区域的匹配细节填充区域。在"移动"模式下，可以将人员和对象移动到新位置，而"扩展"模式可以扩展或收缩具有常规重复元素的对象。结果几乎是神奇的。

图 13.9 使用"内容识别填充"的结果：一个新的层，其中初始选择填充有无缝隐藏鸟类的像素

图 13.10 使用"内容感知移动"工具重新定位元素,并将其与新的周围区域混合

要使用"内容感知移动"工具移动或扩展图像的部分,请执行以下操作:

1. 在"工具"面板中,单击并长按"污点修复画笔"工具(✎),以显示"内容感知移动"工具(✄)。

2. 在选项栏上选择"移动"或"扩展"作为"模式"。

3. 调整"结构"和"颜色"设置,以确定在移动对象周围的区域中保留了多少细节和颜色。值越高,移动的对象就会越平滑地融入到新的环境中。

4. (可选)在选项栏上启用"投影时变换"选项,以便将内容拖动到新位置后可以旋转或调整其大小。

5. 在要移动或扩展的项目周围拖动,这样当Photoshop将其混合到新位置时,就不会丢失部分内容。(也可以在选择"内容感知移动"工具之前使用任何选择工具进行选择。)

6. 拖动所选内容以移动或扩展它。

7. 双击选择内容以应用移动或扩展(图13.10)。

使用替换颜色

"替换颜色"对话框允许使用"吸管"工具瞄准一系列颜色，然后使用HSL（色调、饱和度、亮度）滑块或"颜色编辑器"调整这些颜色。

当您想在整个图像中更改难以选择的颜色时，"替换颜色"效果最好，也可以使用它在一个区域中进行局部颜色更改。对于局部更改，在使用"替换颜色"之前进行粗略选择是有帮助的。但是，"替换颜色"无法对中性色（白色、黑色和灰色）重新着色，因为它对色调和饱和度所做的更改与目标颜色有关。（相反，可以使用"色相/饱和度"调整图层的"着色"选项。）

要使用"替换颜色"交换颜色，请执行以下操作：

1. 在要重新着色的区域周围进行选择，以防止其他地方发生不必要的颜色更改。

2. 执行"图像"→"调整"→"替换颜色"命令。"替换颜色"对话框将以白色显示选定颜色的预览，以黑色显示取消选定的颜色，以灰色显示部分选定的颜色。（按Ctrl/Command键可查看图像的预览。）

3. （可选）如果要更改的颜色仅限于连续区域，请勾选"本地化颜色簇"复选框。

4. 使用"吸管"工具 (🖊) 在图像或预览框中单击要替换的颜色。

5. 要选择更多或更少的颜色，请执行以下任意操作：

   ▶ 按住Shift键并使用"吸管"工具单击，或使用"添加到采样吸管"工具 (🖊) 单击选择更多颜色。

   ▶ 按Alt/Option键并使用"吸管"工具单击，或使用"从采样吸管中减去"工具 (🖊) 单击以选择较少的颜色。

   ▶ 单击"选择色样"按钮以打开"拾色器"并选择要替换的颜色。

6. 通过拖动滑块或输入特定值来增加或减少"颜色容差"值，以包含更多或更少的相关颜色。

7. 通过更改"色相""饱和度"和"明度"值（图13.11）或单击"结果"样例并使用"拾色器"选择替换颜色来指定替换颜色。

8. 单击"确定"按钮。

TIP 如果必须在多个图像中执行相同的颜色替换，可以单击对话框中的"存储"和"载入"按钮快速重新设置。

图 13.11 使用"替换颜色"对话框中的控件，通过使用滴管或颜色选择器单击来修改目标颜色

14

智能对象

智能对象通过将原始图像数据保存在一个单独的链接文件中，可以对图像进行无损过滤、转换和其他编辑。例如，可以向下缩放智能对象，然后再向上缩放，而不会损失任何图像质量。编辑智能对象的内容时，它将在Photoshop中的一个单独窗口或原始应用程序（如Illustrator）中打开。

在Photoshop中，可以从常规图层创建智能对象，也可以使用"置入"命令嵌入或链接到其他文件。也可以直接从Adobe Bridge、Lightroom和Camera Raw添加智能对象。当对源文件进行更改时，链接的智能对象会更新。也可以复制智能对象，这样编辑一个实例时，更改将应用于所有其他实例。

本章内容

创建嵌入式智能对象	224
创建链接的智能对象	225
管理链接的智能对象	227
编辑智能对象	229
复制智能对象	231
导出智能对象	232
转换智能对象	234
重置智能对象转换	236
在图层面板中过滤智能对象	237

创建嵌入式智能对象

可以通过转换Photoshop文档中的一个或多个图层，或放置PSD、AI（Adobe Illustrator）、TIFF、JPEG、PNG、EPS、PDF或相机原始文件来制作嵌入式智能对象。因为它们包括源图像中的所有数据，所以放置嵌入式智能对象可以显著增加Photoshop文档的文件大小。

嵌入式智能对象由"图层"面板中缩略图上的图标（🔒）指示。还可以在"属性"面板中看到所选图层是否是嵌入的智能对象。

要将Photoshop文档中的一个或多个图层转换为嵌入式智能对象，请执行以下操作：

1. 在"图层"面板中选择一个或多个图层。

2. 执行"图层"→"智能对象"→"转换为智能对象"命令。或者右击"图层"面板中选定的图层名称，然后在弹出的快捷菜单中选择"转换为智能对象"选项。

要从另一个文件添加嵌入的智能对象，请执行以下操作：

1. 选择一个图层，智能对象将被添加到其上方。

2. 执行"文件"→"置入嵌入对象"命令，然后选择一个受支持格式的文件。对于AI和PDF文件，将打开"打开为智能对象"对话框，您可以在其中选择"页面""缩略图大小"和"裁剪到"选项。

3. 使用变换控制柄来调整新图层的大小和位置。

4. （可选）使用"图层"面板中的控件来调整"混合模式""不透明度"和"填充"设置，这在定位和调整新图层的大小时很有帮助。

5. 要完成放置智能对象，请双击画布上的智能对象内部，然后按Enter键或单击选项栏上的"提交变换"按钮。（若要取消，则按Esc键或单击"取消变换"按钮。）

TIP 可以将Illustrator或InDesign中的对象复制并粘贴到Photoshop中。InDesign内容自动放置为矢量智能对象，而Illustrator内容可以粘贴为像素、路径、图层、形状图层或智能对象（图14.1）。

TIP 也可以将文件从桌面（或任何支持拖放的应用程序，如Bridge或Lightroom Classic）拖放到Photoshop中，将其作为嵌入式智能对象放置。

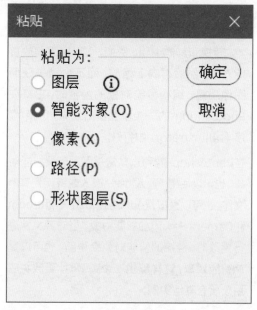

图14.1 将Illustrator 内容粘贴到Photoshop中时出现的对话框，包括创建智能对象的选项

要在新文件中创建嵌入式智能对象（而不是背景层），请执行以下操作：

- 在Photoshop中执行"文件"→"打开为智能对象"命令（图14.2）。

TIP 默认情况下，可以编辑Camera Raw首选项以将Photoshop中的原始图像作为智能对象打开。单击"Adobe Camera Raw"对话框右上角的齿轮图标（✿）以打开"首选项"对话框。在"工作流"首选项的"Photoshop"下，启用"在Photoshop中以智能对象打开"选项。

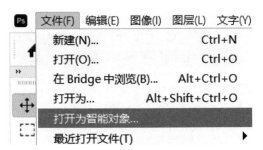

图 14.2 执行"文件"→"打开为智能对象"命令，可以在Photoshop中将原始图像作为智能对象打开

创建链接的智能对象

链接智能对象（相对于嵌入式智能对象）的好处是提高了工作流程的效率。因为链接的图像与放置它的文件是独立的，所以当您处理Photoshop文档中的其他图层时，其他同事可能正在处理链接的文件。当您的同事保存他们的工作时，您只需更新链接即可查看他们的更改。实际上，你们可以同时处理同一个作品。

另一个好处是重复使用。您可以将一个文件作为链接的智能对象放置在许多不同的Photoshop文件中，只需要对一个链接的文件进行更改，即可使该更改随处可见。因为链接的智能对象包括源图像的扁平副本，所以它们不会像嵌入的智能对象那样增加Photoshop文档的文件大小。

不利的一面是，当文件被移动、重命名或删除时，链接可能会断开。此外，使用更多单独的文件进行管理是一种更复杂的方法。

执行"置入链接的智能对象"命令以支持的文件格式之一或在创意云库中放置文件，可以创建链接的智能对象。

链接图标（🔗）显示在"图层"面板中链接的智能对象的缩略图上。还可以在"属性"面板中看到所选图层是否是链接的智能对象，并查看链接文件的文件路径（图14.3）。

图 14.3 通过图层缩略图图标和"属性"面板中列出的文件路径来判断葡萄图层是否是链接的智能对象

要从文件创建链接的智能对象,请执行以下操作:

- 执行"文件"→"置入链接的智能对象"命令。

要从创意云库创建链接的智能对象,请执行以下操作:

1. 从"窗口"菜单中打开"库"面板。

2. 选择一个库。

3. 单击库项目并将其拖到文档窗口,或者右击该项目并在弹出的快捷菜单中选择"置入链接对象"选项(图14.4)。库链接的智能对象在图层缩略图上会显示一个云图标(☁)。

TIP 也可以通过在Adobe Bridge或Lightroom Classic中选择一个文件并按住 Alt/Option键将其拖动到Photoshop中来创建链接的智能对象。

图 14.4 右击库项目以将其放置为链接的智能对象

管理链接的智能对象

链接的智能对象比嵌入的智能对象需要更多的监控和维护。您需要执行的主要任务是在修改链接文件时更新链接、修复断开的链接以及重新链接到其他文件。

如果链接的智能对象的源文件在另一个程序中被修改，而其所在的Photoshop文档处于打开状态，则链接将自动更新。但是，如果在修改链接文件时关闭了包含的Photoshop文档，则链接不会自动更新。当您打开包含的文件时，将在图层缩略图上看到一个过期图标（ ），此时需要手动更新链接。

当链接的智能对象的源文件被重命名、移动或删除时，链接将断开。当您打开包含的文档时，将出现"重新链接"对话框，显示链接文件的

最后一个已知路径，以及可以单击以修复断开的链接的"重新链接"按钮。如果关闭该对话框，将在图层缩略图上看到一个"缺少"图标（ ）。在对智能对象进行任何更改或输出文档之前，必须修复丢失的链接。

要更新单个过期链接的智能对象，请执行以下操作：

执行以下操作之一：

■ 在"图层"面板中，右击链接的智能对象图层，然后在弹出的快捷菜单中选择"更新修改的内容"选项。

■ 在"属性"面板中单击链接的智能对象的文件路径，然后选择更新修改的内容（图14.5）。

要一次更新所有过期链接的智能对象，请执行以下操作：

■ 执行"图层"→"智能对象"→"更新所有修改的内容"命令。

要修复断开的智能对象链接，请执行以下操作：

1. 在"图层"面板中执行"图层"→"智能对象"→"重新链接到文件"命令。或者，在"属性"面板中单击链接的智能对象的文件路径，然后选择"重新链接到文件"选项。

2. 导航到该文件，然后单击"置入"按钮。

> **TIP** 通过将链接的智能对象的源文件与包含的文档保存在同一文件夹中来防止断开链接，因为Photoshop在打开包含的文档时会始终检查该文件夹。

> **TIP** 修复断开链接的相同技术也可以用于重新链接到不同的文件。

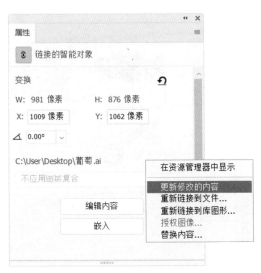

图 14.5 单击"属性"面板中的文件路径，以访问链接的智能对象

要重新链接到不同的创意云库图形，请执行以下操作：

1. 在"图层"面板中的图层上右击，然后在弹出的快捷菜单中选择"重新链接到库图形"选项。或者，在"属性"面板中单击链接的智能对象的文件路径，然后选择"重新链接到库图形"选项。

2. 从打开的"库"面板中，选择一个项目并单击"重新链接"按钮（图14.6）。

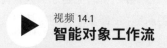
视频 14.1
智能对象工作流

扫码看视频

图 14.6 重新链接到不同的库项目是与同事协作和访问工作流程中常用的处理图形的一种快捷方式

图 14.7 双击智能对象图层的缩略图以编辑其内容

编辑智能对象

当想要更改智能对象的源内容时，需要在所包含的文档之外打开和编辑它。如果智能对象由光栅（像素）数据组成，它将在Photoshop中的一个新窗口中打开。如果智能对象由另一个应用程序（如Illustrator）的内容组成，它将在该应用程序中打开。保存对源内容所做的更改后，这些更改将立即反映在智能对象中。注意，与变换和滤镜不同，这些编辑具有破坏性，在保存并关闭源文件后无法恢复。

也可以在单个实例或所有实例中替换智能对象的源内容。需要注意的是，当替换源内容时，将保留应用于智能对象的任何转换或滤镜。

要编辑智能对象的内容，请执行以下操作：

1. 在"图层"面板中单击智能对象。

2. 在"图层"面板中双击智能对象的缩略图（图14.7）。或者，在"属性"面板中单击"编辑内容"按钮。

3. 对源文件进行所需的编辑，然后执行"文件"→"保存"命令。

TIP 当调整智能对象的内容时，可以方便地将其与其包含的文件并排打开。要执行此操作，需执行"窗口"→排列→"全部垂直拼贴"命令。每次保存智能对象文件时，包含的文件都会自动更新（图14.8）。

要替换智能对象的内容，请执行以下操作：

1. 执行"图层"→"智能对象"→"替换内容"命令。

2. 在打开的对话框中，导航到要使用的文件，然后单击"置入"按钮（图14.9）。

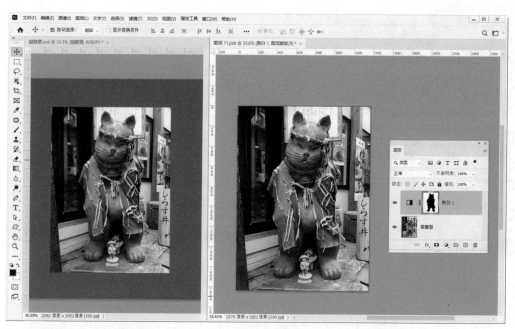

图 14.8 平铺窗口，并排查看智能对象及其包含的内容

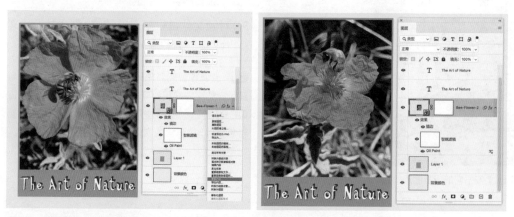

图 14.9 替换智能对象的内容时，将保留所有智能滤镜、转换和效果

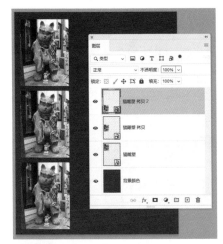

图 14.10 复制嵌入的智能对象时,可以编辑其中任何一个副本,并且该更改将反映在其他副本中

复制智能对象

有两种方法可以复制嵌入的智能对象,选择哪种方法取决于编辑一个实例的源内容时是否希望更改嵌入智能对象的所有副本。

注意,在这两种情况下,副本的名称将与源文件相同,后缀都为"副本",并且智能对象之间的关系没有其他视觉指示。因此,仅通过在"图层"面板中查看副本,无法判断副本是否链接到原始副本。如果这很重要,可以手动重命名重复项或将其分组。

相比之下,当编辑其中任何一个实例的源内容时,链接到外部文件的智能对象的所有实例都会发生更改。

要创建链接到原始智能对象的重复嵌入式智能对象,请执行以下操作:

1. 在"图层"面板中单击智能对象。

2. 执行"图层"→"新建"→"通过拷贝的图层"命令。

3. 现在对原始智能对象或副本所做的任何编辑都将反映在另一个对象中(图14.10)。

TIP 也可以将智能对象图层拖动到"图层"面板中的"创建新层"图标(⊞)上,以创建链接的副本。

要创建独立于原始智能对象的重复嵌入式智能对象，请执行以下操作：

1. 在"图层"面板中单击智能对象。

2. 执行"图层"→"智能对象"→"通过复制新建智能对象"命令，对原始智能对象或副本所做的任何编辑都不会反映在其他对象中（图14.11）。

TIP 也可以右击"图层"面板中的智能对象，然后在弹出的快捷菜单中选择"通过拷贝新建智能对象"选项。

导出智能对象

可以通过导出将单独的文件作为智能对象嵌入。注意，这与将嵌入的智能对象转换为链接的智能对象不同，因为导出的内容不会链接到导出的文件。

还可以使用"打包"命令创建一个文件夹，其中包含所有文件的副本，这些文件包括链接的智能对象和包含的Photoshop文档。

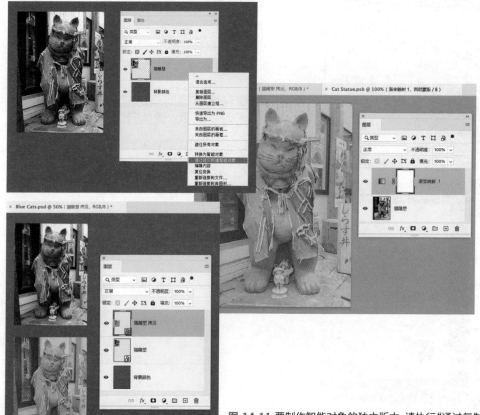

图 14.11 要制作智能对象的独立版本，请执行"通过复制新建智能对象"命令

要导出嵌入式智能对象的内容，请执行以下操作：

1. 在"图层"面板中单击嵌入的智能对象，然后执行"图层"→"智能对象"→"导出内容"命令。

2. 在"另存为"对话框中，为智能对象的内容选择位置和文件名。

3. 单击"保存"按钮。如果嵌入的智能对象是从另一个文件中置入的，它将以与原始文件相同的文件格式保存。如果它是从图层创建的，它将以PSB格式保存（图14.12）。

TIP 也可以在"图层"面板中右击嵌入的智能对象，然后在弹出的快捷菜单中选择"导出内容"选项。

图 14.12 导出由图层组成的嵌入式智能对象会得到由图层组成的PSB文件

要将Photoshop文档及其链接的智能对象打包，请执行以下操作：

1. 执行"文件"→"存储"命令。

2. 执行"文件"→"打包"命令。

3. 在打开的对话框中，为包选择一个位置，该位置是一个包含所有链接的智能对象的源文件副本和包含Photoshop文档的文件夹。该文件夹的名称将与Photoshop文档的名称相同（图14.13）。

图 14.13 打包一个包含链接的智能对象的Photoshop文件时，会得到一个包含该文件的新副本的文件夹，以及一个包含所有链接文件副本的文件夹

转换智能对象

可以将链接的智能对象转换为嵌入式对象，反之亦然。还可以将智能对象转换为常规图层并栅格化它们，从而使所有转换和滤镜永久化。只有当您100%确定不再需要撤销或修改转换时，才能执行此操作，因为一旦文件被保存并关闭，就没有回头路了。

要将链接的智能对象转换为嵌入式智能对象，请执行以下操作：

1. 在"图层"面板中单击链接的智能对象。

2. 右击图层并在弹出的快捷菜单中选择"嵌入链接的智能对象"选项，或在"属性"面板中单击"嵌入"按钮。

要一次更新所有嵌入的链接智能对象，请执行以下操作：

■ 执行"图层"→"智能对象"→"嵌入所有链接的智能对象"命令。

要将嵌入的智能对象转换为链接的智能对象，请执行以下操作：

1. 在"图层"面板中单击嵌入的智能对象。

2. 在"图层"面板中，右击图层并在弹出的快捷菜单中选择"转换为链接对象"选项，或单击"属性"面板中的"转换为链接对象"按钮。

3. 在打开的"另存为"对话框中，为新的链接源文件选择位置和文件名。新的链接文件将以与原始置入文件相同的文件格式保存。

要将智能对象转换为图层，请执行以下操作：

1. 在"图层"面板中单击智能对象。

2. 在"图层"面板中，右击图层并在弹出的快捷菜单中选择"转换为图层"选项，或单击"属性"面板中的"转换为图层"按钮。将打开一个对话框。

3. 如果智能对象由单个图层组成，请选择是否保留变换和智能滤镜的效果。由多个图层组成的智能对象的转换和智能滤镜不能保留，这些图层在转换时将被压缩并放入一个新的图层组中，该组的名称与智能对象的名称相同（图14.14）。

要栅格化智能对象，请执行以下操作：

1. 在"图"面板中单击智能对象。

2. 执行"图层"→"智能对象"→"栅格化"命令，或右击该图层并在弹出的快捷菜单中选择"栅格化图层"选项。

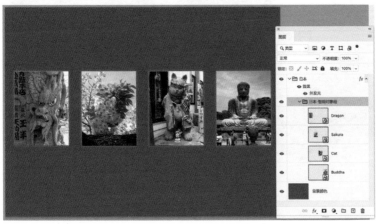

图 14.14 将智能对象转换为图层将删除任何变换，但不会删除滤镜效果

重置智能对象转换

如果已将变换应用于智能对象，如缩放、扭曲、旋转或变形，则可以通过单击"图层"面板中的智能对象并执行以下操作之一来删除这些变换：

- 执行"图层"→"智能对象"→"复位变换"命令。

- 在"图层"面板中，右击智能对象图层，然后在弹出的快捷菜单中选择"复位变换"选项（图14.15）。

图 14.15 经过转换以适应场景的智能对象可以复位为其原始状态，而不会损失任何质量

图 14.16 使用"滤镜类型"菜单和"图层"面板中的按钮可以显示特定类型的智能对象

在图层面板中过滤智能对象

在具有多个图层的复杂文档中工作时，过滤"图层"面板的显示以根据智能对象的类型和状态显示智能对象会很有帮助。

要在"图层"面板中过滤智能对象，请执行以下操作：

1. 在"图层"面板中，从"滤镜类型"菜单中选择"智能对象"选项。

2. 单击按钮以显示想要查看的智能对象类型 (图14.16)，例如本地链接、从库链接、嵌入的链接、过期的链接或丢失的链接。

3. 单击按钮打开图层过滤。与选择的智能对象类型不匹配的图层将被隐藏 (图14.17)。

图 14.17 在"图层"面板中执行过滤显示可以很容易地发现丢失的链接智能对象

与智能对象相关的首选项

Photoshop中的"常规"首选项中包含三个与智能对象相关的设置。

- **在置入时始终创建智能对象：** 如果关闭此首选项，"放置嵌入的"命令将内容放置为常规像素图层，而不是智能对象。

- **在置入时调整图像大小：** 启用此选项后，放置的文件将缩放以适合画布，并显示转换手柄，并且需要在选项栏中选择接受或拒绝转换，才能继续。如果关闭此首选项，文件将以完全大小放置，并且不会出现转换手柄（图14.18）。

- **置入时时跳过变换：** 如果启用此首选项，放置的文件将缩放以适合画布，并且不会显示任何转换手柄。

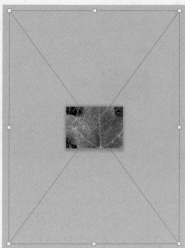

图 14.18 当"放置时调整图像大小"首选项处于启用状态时，放置的智能对象将适合画布。如果关闭首选项，新的智能对象图层将以全尺寸放置

15

基本转换

除了调整颜色和修饰细节外，Photoshop还能以"平凡"（移动、缩放、旋转）到"神奇"（变形、内容识别调节）的方式转换图层和选择路径。例如，在本章中，您将学习如何改变视角，这就好像相机从不同的角度拍摄图像一样。除了转换的基础知识外，还包括一种模糊但强大的增加景深技术，该技术利用Photoshop的能力将多图层拉伸和扭曲成完美对齐的堆栈，并将其混合以获得最大的清晰度。本章将介绍如何转换、扭曲、拉直或旋转的内容。

本章内容

使用自由变换	240
使用透视扭曲	244
使用操控变形	247
使用内容识别缩放	250
对齐和混合图层	252

使用自由变换

使用"自由变换"命令可以在一次操作中应用多个变换，包括旋转、缩放、扭曲、变形和透视。事实上，如果需要应用多个转换，最好在一次操作中完成所有转换，因为重复的转换会降低基于像素内容的图像质量。

可以将大多数类型的变换应用于选择、单个图层、多个选定图层、图层组和路径。但是，不能同时将一个扭曲应用于多个图层。要获得相同的效果，请先将图层转换为"智能对象"。

除了变形之外，选择其他变换类型时会在图形上显示可移动参考点（图15.1）。可以从选项栏中选择该点（▦），也可以通过拖动或按Alt/Option键单击任意位置手动设置该点，甚至可以将参考点拖动到画布边界之外。

要应用自由变换，请执行以下操作：

1. 选择要变换的内容。

2. 执行"编辑"➜"自由变换"命令，或按快捷 键Ctrl/Command+T。变换控件显示在项目周围。

3. 按照任何或所有特定变换的步骤进行操作。

4. 要将转换应用于项目，请按Enter/Return键，单击选项栏中的"提交变换"按钮(✓)或者将光标移动到离转换控件足够远的位置，使其变为黑色箭头(➤)，然后单击。

TIP 就像可以在同一操作中应用多个变换一样，也可以通过按快捷键Ctrl/Command+Z一次撤销一个变换。

要移动项目，请执行以下操作：

1. 使用"自由变换"工具，将光标放置在变换控件内，使其变为单个黑色箭头(▶)并拖动（图15.2）。

2. （可选）要精确移动项目，请更改选项栏中的X和/或Y值。单击"相对定位"按钮 (△)以使用相对值重新定位项目。例如，在X值中输入100就是将项目向右移动100像素。

图 15.1 变换的可移动参考点

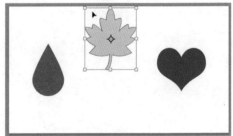

图 15.2 通过拖动移动项目

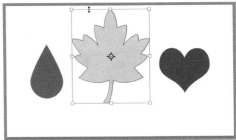

图 15.3 通过拖动缩放项目

图 15.4 通过拖动旋转项目

要缩放项目，请执行以下操作：

2. 将光标放置在任意边或角的变换控件上。当光标变为双箭头 (↔)时拖动 (图15.3)。默认情况下，项目将按比例缩放。在拖动时按住Shift键以扭曲项目。

3. (可选) 若要按精确的量缩放项目，请更改选项栏中的"宽度"和/或"高度"值。

4. (可选) 单击"保持纵横比"按钮 (∞) 可以链接"宽度"和"高度"值，因此更改其中一个值将自动更改另一个值以保持项目的比例。

TIP 还可以在"属性"面板的"变换"区域中编辑变换值。

要旋转项目，请执行以下操作：

1. 将光标定位在角点变换控件的外侧，使其变为弯曲的双箭头(↰)，然后拖动 (图15.4)。按住Shift键以15°为增量限制旋转。

2. (可选) 要将项目旋转精确的量，请更改选项栏中的"旋转"值。

随意扭曲项目，请执行以下操作：

- 将光标放在变换控制柄上，按住Ctrl/Command键，使其变为白色箭头（▷），然后拖动。按住Alt/Option键拖动，同时以相对于项目的中心进行扭曲（图15.5）。

要倾斜项目，请执行以下操作：

- 将光标放在侧手柄上，按快捷键Ctrl/Command+Shift，使其变为带有小双箭头的白色箭头（▷），然后拖动（图15.6）。

要将透视应用于项目，请执行以下操作：

- 将光标放在角控制柄上，按快捷键Ctrl+Shift+Alt/Command+Shift+Option，使其变为白色箭头（▷），然后拖动（图15.7）。

图 15.5 通过拖动自由扭曲项目

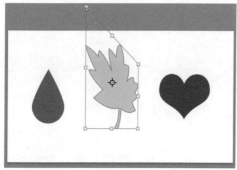

图 15.6 通过拖动使项目倾斜

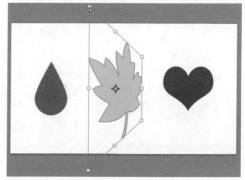

图 15.7 通过拖动将透视应用于项目

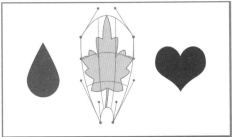

图 15.8 通过拖动网格点或控制柄变形项目

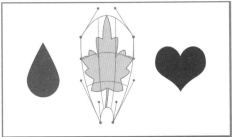

图15.9要变形图像,请应用15个预定义的变形选项之一,或选择"自定义"选项以自由变形

TIP "选项"栏中的"X""Y""宽度""高度""旋转"和"倾斜"标签都是灌木状滑块,因此只需将光标放置在它们上面并拖动即可更改值。若要进行更精细的调整,请在拖动时按住Alt/Option键。

要变形项目,请执行以下操作:

1. 单击选项栏中的"在自由变换和变形模式之间切换"按钮(桌),由控制点连接的变形网格将显示在项目上。

2. 拖动点和/或控制柄以变形项目(图15.8)。

3. (可选)从选项栏的"变形"菜单中选择预定义的变形样式(图15.9)。

4. (可选)通过拖动方形白色控制柄和/或使用选项栏中的控件切换变形方向(◵),调整预定义变形样式的效果。

TIP 如果由于图像中的颜色而难以看到变形网格,请使用控件更改其显示选项。

要取消所有转换,请执行以下操作:

- 按Esc键,或单击选项栏中的"取消"按钮(◌)。

插值方法

当使用除"扭曲"之外的任何方法变换项目时,将在选项栏中看到"插值"菜单。有关不同方法的详细信息,请参阅第3章。

使用透视扭曲

在处理建筑物、广告牌和其他大型物体的照片时，可能需要调整透视图（图15.10）。对于这项工作，Photoshop提供了"透视扭曲"命令。

使用"透视扭曲"可以绘制四边形的矩形，以定义图像中的平面，然后将其拉直，使其侧面完全水平或垂直。

"透视扭曲"要求在"首选项"中启用兼容的图形处理器。执行"编辑"➡"首选项"➡"性能"命令（Windows）或执行"Photoshop"➡"首选项"➡"性能"命令（macOS），然后确认在对话框的"图形处理器"区域中启用"使用图形处理器"。

要更改图像的透视图，请执行以下操作：

1. 执行"编辑"➡"透视变形"命令。

2. 在"布局"模式下，拖动以创建矩形四边形。

3. 拖动四边形的角（引脚）或边，使其与要更改透视图的对象的边相匹配（图15.11）。

图15.10 这张图片看起来像是抬头看的角度，稍微歪斜

图15.11 拖动四边形的接点或边，使其尽可能靠近要使其水平或垂直的线

图 **15.12** 通过三种方式判断是否处于"变形"模式:按下选项栏中的"变形"按钮、引脚变黑、四边形内的网格线消失

图 **15.13** "变形"模式下的拉直图像

4. 单击选项栏中的按钮切换到"变形"模式（图15.12）。

5. 拖动四边形上的接点以更改图像中的透视图。也可以使用选项栏中的按钮在垂直线附近自动拉直, 在水平线附近自动调平, 或同时使用按钮(||| ≡ ♯)进行编辑 (图15.13)。

6. 接受结果, 则按Enter键或单击"提交透视变形"按钮(✓) （图15.14）。如果要取消操作并保持图像不变, 请按Esc键或单击"取消透视变形"按钮(◌)。

TIP 可以通过拖动和定位其他四边形来创建多个平面。将四边形的角点拖近时, 它们将捕捉在一起。当建筑物或汽车等主题与背景图层的透视图相匹配时, 这个方法很有用。

图 **15.14** 经过校正的透视图。注意角落中产生的透明区域, 这些区域需要填充或裁剪

TIP 在"版面"模式下，按住Shift键并拖动四边形的边，以约束平面的形状，同时延长或缩短平面。

TIP 文档网格可以帮助用户查看图像中的线条是水平还是垂直的。通过执行"视图" → "显示" → "网格"命令或按快捷键Ctrl/Command+'（图15.15）来打开和关闭网格。

TIP 在"变形"模式下，可以按住Shift键并单击四边形的侧面，以使其拉直并锁定在该方向。四边形将显示为黄色（图15.16）。要解锁它，请按住Shift键并再次单击。

键盘快捷键

使用"透视变形"时，可以尝试这些方便的键盘快捷键。

· **W**: 切换到"变形"模式。

· **H**: 在"变形"模式下显示和隐藏四边形的边。

· **L**: 切换回"版面"模式，在该模式下可以在不扭曲图像的情况下重塑四边形。

图 15.15 快速浏览文档网格将帮助用户确定是否需要调整四边形

图 15.16 按住Shift键并单击四边形的一侧将其锁定在水平或垂直方向

使用操控变形

尽管我们非常希望所有图像都能完美构图，但偶尔会出现一些不合适的地方需要移动。它可以是眉毛那么小的东西，也可以是摩天大楼那么大的东西。无论是需要改变面部表情还是重新布置城市天际线，都可以考虑使用"操控变形"命令。它能够通过放置和拖动由视觉网格连接的接点来移动、拉伸和扭曲图像的特定部分。

虽然"操控变形"命令可以用来创造令人惊叹的特效，但如果想让东西看起来逼真，通常需要有一些细微的变化。

对象被隔离在图层上时应用"操控变形"效果最好。如有必要，请使用"内容感知填充"来填充背景中的"洞"。图层上由透明度分隔的区域将具有独立的网格。

要使用"操控变形"操作图像，请执行以下操作：

1. 在"图层"面板上选择要操作的图层。

2. 执行"编辑"→"操控变形"命令。

3. 通过单击要拉动或旋转图元的位置，以及要将其他图元锁定到的位置，需要在图像中设置接点（图15.17）。

图 15.17 图中放置了八个图钉。一个放在火烈鸟的头上，这样我们就可以移动它，其余的放在身上，用来锁住火烈鸟的其余部分

4. 拖动图钉以扭曲图像 (图15.18)。

5. 接受结果, 则按Enter键或单击 "提交操控变形" 按钮 (✓)。如果要取消操作并保持图像不变, 请按Esc键或单击 "取消操控变形" 按钮(⊘)。

虽然在某些情况下点头可能和眨眼的效果一样好, 但在其他情况下, 还需要在头部运动之外完善变形。使用选项栏中的其他控件可以更改 "操控变形" 的效果:

- **模式:** 控制网格的弹性。在大多数情况下, 默认的 "正常" 可以正常工作, "刚性" 得到以最小化像素拉伸和透视效果, "扭曲" 则最大化对象 (图15.19)。

- **旋转:** 可以设置为 "自动" 或 "固定"。如果希望网格点在拖动时自动旋转, 请将其保留为 "自动"。如果希望手动应用特定的旋转角度, 请设置为 "固定"。

- **图钉深度:** 确定扭曲的图层的各部分相互重叠时会发生什么。每次单击以设置接点时, 新

接点会设置在所有其他接点之上。单击选项栏中的按钮 (✤ ✤) 将图钉按堆叠顺序向前或向后设置, 并更改重叠效果 (图15.20)。

图 15.18 拖动火烈鸟头上的图钉会移动并旋转它。"操控变形" 非常适合操纵火烈鸟, 此操作也可以称为 "火烈鸟变形"

图 15.19 使用 "操控变形" 模式选项: "正常" "刚性" 和 "扭曲", 在同一位置使用图钉可以获得不同的结果

图 15.20 通过改变火烈鸟头部图钉的深度,可以让它出现在火烈鸟其他部分的前面或后面。

图 15.21 将光标放在图钉旁边(不要放在上面),然后拖动以旋转图钉

- **显示网格**: 显示应用于图层的网格。
- **密度**: 控制网格点之间的间距。更多的点可以创建更精细的网格和更精确的结果, 但代价是处理速度较慢。分数越少, 结果就越快、越不精确。
- **扩展**: 控制网格的总体大小。它提供了另一种控制网格点间距的方法。正值会向外展开网格。负值将收缩网格, 从而隐藏边缘处的像素。

TIP 要在不移动图钉的情况下旋转图钉,请将光标定位在图钉附近,按住Alt/Option键然后拖动即可(图15.21)。

TIP 按住Shift键并单击以选择多个图钉,以便可以同时移动或旋转它们。

TIP 若要删除图钉,请按住Alt/Option键并单击它。

TIP 要删除所有图钉并重新开始,请单击选项栏中的"移去所有图钉"按钮(↺)。

 视频 15.1
使用操控变形

扫码看视频

使用内容识别缩放

您是否曾经需要更改图像的纵横比,例如将其重新组合为宽屏幕视频帧或方形社交媒体帧,但又不想裁剪它,因为这样做会删除重要的细节?"内容识别缩放"在这种情况下会有所帮助,它允许您将图像的某些区域排除在变换之外,在缩放其余区域时保持它们不变。

使用"内容识别缩放"获得最佳效果的关键是选择要防止缩放的内容,并将该选择保存为可以在转换过程中使用的Alpha通道。虽然从技术上讲不必这么做,但这有很大帮助,也必不可少的一步。

注意,"内容识别缩放"仅适用于单个像素图层和选择。除非先栅格化,否则无法将其应用于多个图层、智能对象或蒙版。

要使用内容识别缩放,请执行以下操作:

1. 首先选择图像缩放时要保护的区域,使其不失真(图15.22)。

2. 在"通道"面板上,单击按钮 (◙) 将选择保存为一个新通道(图15.23)。

3. 取消选择所选区域。

4. (可选)如果正在处理"背景"图层,则选择"全部"选项(按快捷键Ctrl/Command+A)。

5. 执行"编辑" ➡ "内容识别缩放"命令。

6. 在选项栏中,在"保护"菜单中的选择中选择要保存的通道。

图 15.22 使用任何选择方法来隔离图像中要保持未缩放的部分

图 15.23 当应用"内容识别缩放"时,此Alpha通道可用于防止图像中的牌坊(及其在水中的反射)受到影响

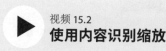
视频 15.2
使用内容识别缩放

扫码看视频

7. 拖动边界框上的控制柄。拖动时按住Shift键进行非比例缩放（图15.24）。或者更改选项栏中"宽度"和"高度"字段中的值。

8. 接受结果，则按Enter/Return键或单击"提交变换"按钮。

TIP 若要设置图层缩放围绕的固定点，请单击参考点定位器上的正方形（▦）或在画布上拖动代理（◈）。只有在通过"宽度"和"高度"字段应用缩放，而不是在拖动边界框时，此参考点才有效果。

TIP 如果Alpha通道保护的区域与缩放区域不自然地分离，可以通过使用选项栏中的滑块减小"数量"值来允许其缩放。

TIP 可以使用选项栏中的"保护肤色"按钮（👤）让Photoshop尝试识别人并保护他们免受扭曲。但是使用Alpha通道方法时，会得到更好的结果。

图 15.24 拖动边界框会缩放树木、天空和水，但不会缩放门或将其反射

对齐和混合图层

Photoshop可以转换多个图层，以对齐这些图层中的匹配内容。当与另一个功能结合使用时，这一点尤其有用，该功能用于分层混合内容，以最大限度地提高整个图像的清晰度，增加景深。这种技术也被称为"焦点叠加"，使用它可以创建清晰度非常高的图像（图15.25）。

要将多个图像文件合并为一个分层文件，可以利用Photoshop或Adobe Bridge中的自动化功能。注意，当使用Adobe Bridge中的原始文件作为源文件时，将应用当前的设置。

虽然这不是一个要求，但如果源图像是静止物体，并且是用三脚架拍摄的，通常会得到最好的结果。

图 15.25 三个源图像。注意景深，以及每一个鳄梨的焦点是如何不同的

要对齐和混合图层，请执行以下操作：

1. 执行以下操作之一：

- 在Adobe Bridge中，选择要混合的图像，然后执行"工具"→"Photoshop"→"将文件载入Photoshop图层"命令。

- 在Photoshop中执行"文件"→"脚本"→"将文件载入堆栈"命令。在"载入图层"对话框中可以导航到所需的文件并选择它们。

- 创建一个新的Photoshop文件，其中包含具有每个源图像的名称和内容的单独图层（图15.26）。

2. 在"图层"面板上按住Shift键并单击所有图层以选择它们。

图 15.26 Photoshop文件新的分层

3. 执行"编辑" ➝ "自动对齐层"命令。在对话框中选择"自动"作为"投影"，然后单击"确定"按钮。

4. 执行"编辑" ➝ "自动混合层"命令。在对话框中选择"堆叠图像"作为"混合方法"，然后单击"确定"按钮。

5. Photoshop找到清晰度最大的区域，并应用图层蒙版来显示每个图像的这些区域（图15.27）。此外，Photoshop创建了一个新的合并图层，将图层堆栈顶部源图层的未屏蔽区域组合在一起（图15.28）。

图 15.27 每个图像的失焦区域被遮蔽

图 15.28 堆栈顶部的合并图层增加景深

16

滤镜

可以使用滤镜对图层或选择进行各种各样的修改，包括从普通的（但必不可少的）锐化和修饰，到油画和半色调等创造性效果。Photoshop甚至提供了一个神经滤镜选项，它使用机器学习帮助改变面部表情，在不损失质量的情况下对图像进行采样，并为黑白图像着色。可以将多个滤镜应用于同一图层，并使用混合模式、纹理、蒙版和图案来更改效果。

虽然所有Photoshop滤镜都可以应用于8位RGB图像，但对滤镜的支持在CMYK图像和具有更高比特深度的图像中更有效。仅在RGB中工作的滤镜包括Camera Raw、镜头校正、镜头模糊、油画效果以及滤镜库中的所有滤镜。

本章内容

应用滤镜	256
更改智能滤镜	257
使用滤镜库	260
锐化图像	261
模糊图像	264
使用Camera Raw滤镜	266
使用 Neural Filters	268

应用滤镜

尽管可以针对常规图层进行选择并立即应用滤镜，但在大多数情况下不应该这样做，因为这种方式应用滤镜可以使更改永久化。保存并关闭文件后，无法恢复到应用滤镜之前的状态。

一个更好的选择是通过将图层转换为智能对象，然后应用滤镜（称为智能滤镜）来无损地工作。执行此操作时，Photoshop会将滤镜保存为图层效果，用户可以随时从"图层"面板中修改、禁用或删除该效果，也可以在图层之间移动或复制智能滤镜。

要应用智能滤镜，请执行以下操作：

1. 单击"图层"面板中的图层或进行选择，以将滤镜的效果限制在图层的特定区域。

2. 右击图层名称的右侧，然后在弹出的快捷菜单中选择"转换为智能对象"选项，或执行"滤镜"➝"转换为智能滤镜"命令。无论哪种方式，图层缩略图上都会出现一个图标，指示已将图层转换为嵌入式智能对象（）。

3. 从"滤镜"菜单中选择一个滤镜。某些滤镜将立即应用。菜单中列出的每个名称后面都有省略号，单击将显示一个对话框，可以在应用滤镜之前调整设置并预览效果。

Photoshop将滤镜应用为图层效果，将其列在"图层"面板中标题为"智能滤镜"的图层名称下（图16.1），并自动创建一个蒙版。如果在应用滤镜之前有一个活动区域，则此蒙版将仅显示该区域。否则，它将显示整个图层。

可以将多个滤镜应用于同一图层。在"图层"面板中，它们都将列在"智能滤镜"标题下，并受到同一蒙版的影响。

TIP 智能对象应用滤镜也有例外，镜头模糊、消失点、火焰、图片框和树这几个滤镜只能应用于像素图层。

视频 16.1
滤镜概述

扫码看视频

图 16.1 应用于智能对象的滤镜称为"智能滤镜"

更改智能滤镜

应用智能滤镜后，可以关闭和打开它们，修改它们的设置，更改它们的混合选项（"不透明度"和"混合模式"），将它们移动或复制到另一图层，或删除它们。此外，由于滤镜是按顺序应用的，当多个智能滤镜应用到一个图层时，也可以重新排列它们以更改其累积效果。

要更改智能滤镜的可见性，请执行以下操作：

在"图层"面板中，执行以下操作之一：

- 右击智能滤镜条目的右侧，或任何单个智能滤镜的名称，然后在弹出的快捷菜单中选择停用/启用智能滤镜。

- 单击"智能滤镜"蒙版缩略图左侧的"可见性"图标，或任何单独的"智能滤镜可见性"图标（👁）。

- 单击"智能滤镜"蒙版缩略图，可以使用任何笔刷或绘画工具修改蒙版。在图层上涂抹黑色会隐藏智能滤镜的效果；涂抹白色会将其显示出来（图16.2）。

TIP 按住Shift键单击智能滤镜蒙版以停用/启用它，并按住Alt/Option键单击其中一个以在文档窗口中查看蒙版（而不是完整图像），这样更易于编辑。

要更改智能滤镜的设置，请执行以下操作：

1. 在"图层"面板中双击智能滤镜名称右侧，以重新打开"智能滤镜"对话框。

2. 根据需要调整设置，然后单击"确定"按钮。应用于一个图层的多个智能滤镜将按从下到上的顺序应用，因此，修改除了最后一个（顶部）滤镜之外的任何一个，将会弹出一条警告信息，告诉您在编辑当前滤镜时，其他滤镜将不会预览。

TIP 没有对话框的滤镜（例如平均）不能以这种方式修改，因为没有可更改的设置。

要更改智能滤镜混合选项，请执行以下操作：

1. 在"图层"面板中，双击滤镜名称右侧的"混合选项"图标（≚）或右击滤镜名称，然后在弹出的快捷菜单中选择"编辑智能滤镜混合选项"选项。

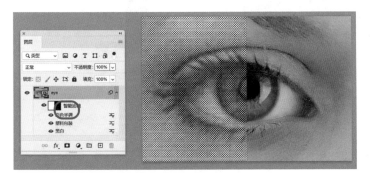

图16.2 可以通过编辑滤镜的蒙版来限制滤镜的效果

2. 在打开的"混合选项"对话框中，更改智能滤镜的"混合模式"设置和"不透明度"值（图16.3）。

3. 完成后单击"确定"按钮。

要将智能滤镜移动到另一图层，请执行以下操作：

- 单击滤镜效果名称并将其从一个智能对象图层拖动到另一个图层（图16.4）。

要将智能滤镜复制到另一图层，请执行以下操作：

- 按住Alt/Option键，然后单击并将滤镜效果名称从一个智能对象图层拖动到另一个图层（图16.5）。

TIP 按住Alt/Option键在同一图层上的滤镜效果堆栈中拖动，可以将智能滤镜的多个实例应用于该图层。

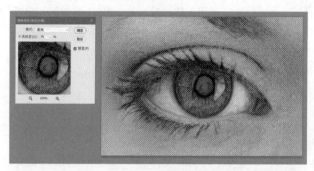

图 16.3
应用"混合模式"并降低滤镜效果的"不透明度"，以将其与图像中的其他内容混合

图 16.4 只需简单的拖放即可将智能滤镜从一图层移动到另一图层

要从图层中删除一个或多个智能滤镜，请执行以下操作：

在"图层"面板中，执行以下操作之一：

- 要删除所有智能滤镜，请右击顶级智能滤镜条目，然后在弹出的快捷菜单中选择"清除智能滤镜"选项。或者，将顶级智能滤镜条目拖动到面板底部的"删除图层"按钮 (🗑) 图标。

- 要删除单个智能滤镜，请右击滤镜效果名称，然后在弹出的快捷菜单中选择"删除智能滤镜"选项。或者，将滤镜效果名称拖动到面板底部的"删除图层"按钮 (🗑)。

当多个智能滤镜应用于同一图层时，它们会在"图层"面板的堆栈中从底部（第一个）到顶部（最后一个）依次列出。每个滤镜都应用于其下方滤镜的结果。因此，可以通过按堆叠顺序重新排列滤镜来改变其累积效果。

要重新排列智能滤镜：

- 按堆叠顺序向上或向下拖动滤镜效果名称（图16.6）。

图 16.5 按住Alt/Option键拖动智能滤镜进行复制

 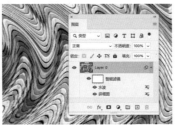

图 16.6 根据应用滤镜的顺序，会得到不同的结果。当"水波"位于列表顶部时，它将最后应用，并扭曲"拼缀图"滤镜的规则网格模式

使用滤镜库

滤镜库是一个大型对话框，您可以在其中预览并同时应用多个创造性效果滤镜。确切地说，滤镜库中只有滤镜菜单中列出的滤镜子集可用。

要通过滤镜库应用滤镜，请执行以下操作：

1. 执行"滤镜" → "滤镜库"命令。打开的"滤镜库"对话框包含一个大型预览、一个带缩略图的滤镜类别列表和可自定义的设置（图16.7）。

2. 单击滤镜类别名称以显示可用的滤镜。

3. 单击滤镜缩略图以预览其效果。滤镜将出现在对话框右下角的"应用滤镜"列表中。

单击列表中滤镜名称旁边的"可见性"图标（👁），可以打开和关闭预览。

4. 通过更改设置来修改滤镜的效果。

5. （可选）通过单击"新建效果图层"图标（⊞）并从缩略图列表中选择滤镜来完成应用。或者，按住Alt/Option键单击缩略图以添加该滤镜（图16.8）。

6. （可选）若要删除应用的滤镜，请在列表中单击该滤镜，然后单击"删除效果图层"按钮（🗑）。

7. 单击"确定"按钮应用滤镜并关闭"滤镜库"对话框。

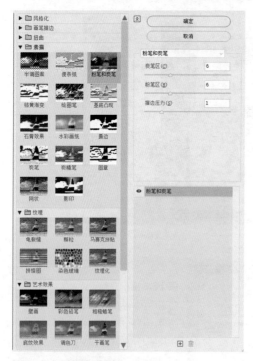

图 16.7 "滤镜库"对话框

图 16.8 通过在"滤镜库"对话框中添加滤镜来构建复杂的效果

就像在"图层"面板中一样,"滤镜库"中每个新应用的滤镜都将显示在对话框右侧的列表中。列表中上面的滤镜将应用于下面滤镜的结果中。因此,可以通过在列表中向上或向下拖动滤镜来重新排列滤镜以更改其累积效果。

TIP 通过单击列表右上角的双箭头 ([⌃]),可以切换滤镜列表的可见性并展开预览区域。

TIP 可以随时从对话框右上角"确定"和"取消"按钮下方的完整列表中选择一个不同的滤镜。

TIP 可以应用同一滤镜的多个副本来提高其效果。修改每个副本中的设置,以创建复杂多样的效果。

"滤镜库"会记住上次使用的设置,并在下次打开对话框时应用这些设置。

要将"滤镜库"对话框重置为默认设置,请执行以下操作:

1. 按住Ctrl键,将"取消"按钮更改为"默认值"。

2. 单击"默认值"按钮以从应用的列表中删除所有滤镜。

要应用上次使用的设置,请执行以下操作:

1. 按住Alt/Option键可将"取消"按钮更改为"复位"。

2. 单击"复位"按钮将"滤镜库"对话框重置为上次使用的设置。

TIP 要快速查看应用于图像的不同滤镜的外观,请单击一个缩略图,然后使用向上、向下、向左或向右箭头键浏览滤镜列表。

锐化图像

有一点需要明确:在Photoshop中应用锐化滤镜无法恢复聚焦不良图像的细节,但是它可以增强现有细节的焦点,使图像看起来更清晰——这对大多数图像都有好处。那些注定要打印的东西尤其受益于锐化。事实上,为打印而优化锐化的图像在屏幕上应该显得稍微过锐化,以补偿墨水在纸上扩散时出现的模糊。

Photoshop中最好的锐化滤镜是"智能锐化"。它提供了更多的控件和选项,可以比"锐化边缘"滤镜提供更好的结果。为了获得最佳效果,请在工作流程的最后,即输出之前应用它,因为锐化有可能引入不需要的细节,这些工件可能会通过后续的转换和调整变得更加明显。

锐化一次只能应用于一个图层。因此,如果想对整个多图层图像应用无损锐化,请选择所有图层并将其转换为单个智能对象。然后,可以对智能对象图层应用锐化,并通过双击"图层"面板中的智能对象缩略图来访问各个图层(在单独的文档窗口中)。

要锐化图像，请执行以下操作：

1. 右击"图层"面板中的图层，然后在弹出的
   快捷菜单中选择"转换为智能对象"选项。

2. 执行"滤镜" ➞ "锐化" ➞ "智能锐化"
   命令（图16.9）。

3. 在弹出的对话框中，在预览中拖动或单击画
   布以预览不同区域的锐化。

4. 选择"数量"值以设置锐化的强度。最佳值
   将取决于图像的分辨率和内容。从默认值开
   始向上移动，直到图像看起来过锐化，然后
   再向下移动一点（图16.10）。

图 16.9 "智能锐化"对话框

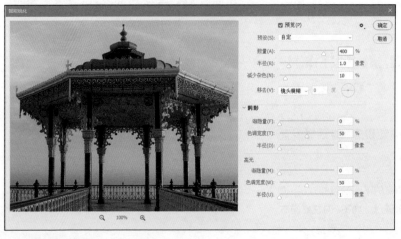

图 16.10 使用400%的"数
量"会导致细节中明显的
过锐化

5. 增加"半径"值, 直到在图像中看到突出的光晕效果。然后, 减小"半径"值, 使光晕不那么明显(图16.11)。

6. 在"移去"菜单中, 确保已选中"镜头模糊", "镜头模糊"是唯一一个自动检测边缘的设置, 通常得到最好的锐化效果。

7. 增加"减少杂色"值以清除锐化引入的任何类型的杂色。一般介于10%~20%的值效果最好。

8. (可选) 展开"阴影/高光"类别, 并使用控件减少图像最暗和最亮区域的过锐化。"渐隐量"是此处最重要的设置。"渐隐量"越高, 应用的锐化就越少。

9. 单击"确定"按钮应用锐化并关闭对话框。

10. (可选) 若要调整锐化效果的混合模式或"不透明度", 请双击"图层"面板上的"混合选项"按钮 (▼), 为了消除锐化区域中不必要的颜色偏移, 请将混合模式更改为"变亮"(图16.12)。

TIP 如果"智能锐化"对话框中的预览区域太小, 请单击对话框的任意一个角并拖动以使其变大。

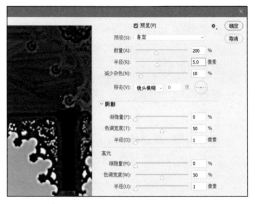 

图 16.11 调整"半径"值, 直到图像看起来清晰, 但边缘周围没有明显的光晕。5个像素会使一些小元素完全变黑, "半径"为2像素更合适。

 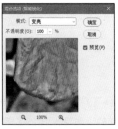

图 16.12 将混合模式从"正常"更改为"变亮"。可以解决此图像中亮粉色和绿色光晕的问题

 视频 16.2
使用智能滤镜

扫码看视频

模糊图像

通过使用模糊功能软化细节，可以在图像中应用许多创造性效果。模糊还可以用于减少不需要的噪波、颗粒和纹理。

两个最有用的模糊功能是"动感模糊"和"场景模糊"。动感模糊通过将像素模糊特定的距离和角度来模拟运动。通过定义多个模糊点并调整每个模糊点的模糊量，可以在图像中创建模糊梯度。使用"场景模糊"，可以通过模糊其他元素来将观众的注意力引向某些元素。

要使用"动感模糊"模拟运动，请执行以下操作：

1. 在"图层"面板中单击要模糊的图层。

2. 执行"滤镜" → "模糊" → "动感模糊"命令。

3. 在打开的对话框中，设置模糊的角度和距离（图16.13）。

4. （可选）使用图层蒙版将动感模糊的效果限制在图像的某些部分。

5. 单击"确定"按钮。

其他模糊过滤器

Photoshop提供了其他几种模糊滤镜，这些滤镜对某些任务很有用。

· **镜头模糊：** 尝试模拟真实镜头如何创建景深，包括焦距、光圈选项以及从相机或Alpha通道加载深度图映射的能力。

· **特殊模糊：** 使用与智能锐化类似的"半径"和"阈值"设置，为模糊图像提供了最精确的控制。

· **表面模糊：** 试图识别和保留边缘，同时模糊这些边缘内的区域，这对去除噪点很有用。

· **移轴模糊：** 可以通过模糊狭窄焦点区域以外的一切，使现实世界中的照片看起来像是一组微型物体。

· **路径模糊：** 能够沿定义的路径添加运动模糊。

· **旋转模糊：** 通过将一个或多个点周围的像素从0°模糊到360°来模拟圆形运动。

图 16.13 为了模拟鼓手手臂和鼓槌的运动，我们添加了"动感模糊"智能滤镜，然后绘制图层蒙版，将模糊限制在适当的区域

图 16.14 为了在图像上获得均匀的效果，我们添加了四个模糊图钉，所有图钉的默认模糊值均为15像素

图 16.15 两个向日葵上的模糊值被减少到0，以使它们重新聚焦。7像素的模糊使停车标志稍微柔和一些。高速公路标志上的15像素模糊使其完全失去焦点

要使用"场景模糊"操作图像焦点，请执行以下操作：

1. 在"图层"面板中，单击要模糊的图层。

2. 执行"滤镜"➡"模糊画廊"➡"场景模糊"命令。Photoshop在图像中心添加了一个模糊图钉。若要移动它，请从它的中心拖动。

3. 单击图像中要定义特定模糊量的其他位置。每次单击时，都会添加另一个模糊图钉（图16.14）。

4. 若要调整模糊图钉应用的模糊量，请单击它并拖动模糊控制柄（光标周围的圆形滑块）。或者，在对话框的"模糊工具"区域更改"模糊"滑块中的值（图16.15）。

5. （可选）使用对话框中的其他控件添加散景效果、杂色效果。

6. （可选）通过单击模糊工具名称左侧的箭头并调整其设置来应用其他模糊效果（图16.16）。

7. 单击"确定"按钮。

TIP 若要删除模糊图钉，请单击其中心，然后按Backspace/Delete键。

TIP 要删除所有图钉并重新开始，请单击选项栏上的"删除所有图钉"按钮（🔄）。

图 16.16 单击箭头可启用其中一个模糊工具并显示其设置

使用 Camera Raw滤镜

Camera Raw滤镜共享Adobe Camera Raw插件中的许多图像增强功能。使用Camera Raw滤镜，可以编辑一个图层，而不是整个文件。虽然Camera Raw滤镜并没有提供插件的所有功能，但它仍然非常强大。使用Camera Raw滤镜，可以在不使用图层或选择的情况下将调整目标对准图像的特定区域；可以在不进行克隆或掩蔽的情况下快速去除斑点和不需要的元素；还可以浏览并从数十个预设中进行选择，以立即对图像应用复杂的更改，包括RGB、灰度和多通道模式（但不包括CMYK）下的更改。

要在Camera Raw滤镜的五种模式之间切换，请单击对话框右上角的按钮（图16.17）。"编辑"是默认模式。"修复"可以通过在分散注意力的元素和小缺陷上喷漆或单击来消除它们。"蒙版""红眼"和"预设"以通常的方式帮助您。"可定制的预设"也可以作为学习各种设置如何影响图像的方便工具，并提供创造性的灵感（图16.18）。

图 16.17 用于访问Camera Raw滤镜的各种模式的按钮（从顶部开始）："编辑""修复""蒙版""红眼"和"预设"

图 16.18 Camera Raw中值得探索的部分预设

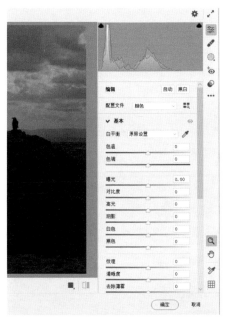

图 16.19 使用Camera Raw滤镜进行基本调整之前和之后

要使用Camera Raw滤镜应用基本图像调整，请执行以下操作：

1. 在"图层"面板中单击要调整的图层。

2. 执行"滤镜"➡"Camera Raw滤镜"命令，将显示编辑工具。

3. （可选）单击"自动"按钮。Camera Raw将使用机器学习技术来分析图像，并应用它认为最好的设置来改进图像。用户可以接受或调整这些设置。再次单击"自动"按钮以恢复默认设置。

4. 单击"基本"旁边的箭头以显示其中包含的所有选项。

5. 拖动滑块以应用调整。也可以通过拖动调整名称来输入特定值或使用滑块（图16.19）。

6. 要评估调整的效果，请单击预览区域下方的按钮(■)，在各种"之前"和"之后"视图之间循环。或者，单击 (◖|▌)按钮在默认设置和当前设置之间切换。

7. （可选）要将设置保存为可一键应用于任何图像的预设，请单击"更多图像设置"按钮（…），然后选择"创建预设"选项。

8. 单击"确定"按钮。

TIP 如果要重新开始，请按住Alt/Option键并单击"复位"按钮以返回默认设置。若要仅复位一个调整或一个调整类别，请按Alt/Option键单击调整或类别名称。

TIP 使用对话框底部的"缩放"菜单和"调整"按钮可以调整预览的缩放级别。

TIP 要一次为基本调整应用一个"自动"设置，请按住Shift键并单击每个调整的名称。

使用 Neural Filters

Neural Filters 使用名为Adobe Sensei的机器学习技术来应用快速、无损的调整，否则将涉及复杂而耗时的手动过程。目前，Neural Filters可以帮助用户完成黑白照片的着色、肖像修饰和两张图像的风格匹配等任务。有时，这些滤镜产生的结果并不令人满意，尽管有几个非常有用，随着滤镜的发展成熟，这些都值得探索，前景广阔。

如果Photoshop确定图像不包含兼容内容，则特定的Neural Filters不可用。例如，如果Photoshop没有检测到人脸，"皮肤平滑度"选项将变灰。

有些Neural Filters每次使用时都需要连接互联网，因为它们在云中处理图像数据，而不是在计算机上。应用设置时，显示在图像预览下的进度条会指示数据的处理位置。

调用Neural Filters时，Photoshop会切换到一个专用的工作区，其中有一个简化的工具栏和选项栏，以及一个用于应用Neural Filters的大面板。在面板中Neural Filters分为两类（图16.20）。

图 16.20 Neural Filters分为特色滤镜和测试滤镜两类

特色滤镜是最成熟和最有能力的，而测试滤镜的开发较早，可能不会产生好的结果。"即将推出"区域列出了正在开发但尚未发布的Neural Filters，它提供了一个按钮，单击该按钮投票可以选择在未来的Photoshop更新中添加的滤镜（图16.21）。

要应用Neural Filter，请执行以下操作：

1. 单击"图层"面板中的图层。

2. 执行"滤镜" ➝ "Neural Filters"命令。

3. 如有必要，请单击按钮(☁)下载要使用的Neural Filters。

图 16.21 "即将推出"包含尚未准备好公开发布的滤镜，这些滤镜最终可能会也可能不会出现在Photoshop中

4. 单击 Neural Filter的滑块 () 以启用它 ()。

5. 使用对话框右侧的控件来应用滤镜的效果 (图16.22)。

6. (可选) 通过启用和调整其设置来应用额外的Neural Filter。

7. 从"输出"菜单中选择一个选项。可以将 Neural Filter效果应用于当前图层、新图层、新文档或智能滤镜。

8. 单击"确定"按钮。

TIP 单击"显示原图"按钮 (▯▮) 以比较外观前后的效果。

TIP 单击"图层预览"按钮 (≋) 以在"显示选定图层"和"显示所有图层"之间切换预览。

TIP 如果要重新开始,请单击"重置参数"按钮 (↩) 重置所有控件。

▶ 视频 16.3
Neural Filters
扫码看视频

图 16.22 着色Neural Filter可能不会产生完美的结果,但它可以是一个跳跃式的开始,帮助用户更快地完成工作

形状图层和路径

Photoshop允许用户以形状图层的形式从矢量路径创建图形，这些图层可以使用笔划、填充和效果进行组合、修改和格式化。使用矢量而不是像素的优点是它们与分辨率无关，可以在不损失质量的情况下以任何大小输出它们，边缘和曲线将始终清晰明了。

可以使用"形状"工具和"画笔"工具创建矢量图形。这些工具需要更多的练习和努力才能掌握，可以任意绘制和编辑任何想要的形状。

矢量也用于Photoshop中的掩蔽目的。可以创建和保存矢量剪切路径和矢量蒙版，以隐藏图像的部分。

本章内容

使用形状工具	272
设置形状格式	274
修改形状和路径	276
组合形状和路径	277
使用自定义形状	280
使用钢笔工具	281
将路径转换为选区和蒙版	284

使用形状工具

Photoshop提供了六种"形状"工具：矩形、椭圆、三角形、多边形、直线和自定义形状（图17.1）。根据绘图模式，可以使用"形状"工具将对象添加为活动形状图层（可以具有笔划、填充和效果等格式，并显示在"图层"面板中）、未格式化的矢量路径（显示在"路径"面板）或像素。

要绘制形状，请执行以下操作：

单击并按住"工具"面板中的一个"形状"工具，以显示所有工具并选择其中一个。（或者按快捷键Shift+U在它们之间切换。）

从选项栏中选择所需的绘制模式（图17.2）。注意，在像素模式下绘制，必须首先在"图层"面板上选择一个现有的像素图层，在该图层上将添加新形状。

1. 通过拖动绘制形状。拖动时，可以在光标处看到形状的宽度和高度。按住Shift键可以约束形状的宽度和高度，这样就可以绘制完美的正方形和圆形，或者完美的水平线或垂直线。开始拖动后按住Alt/Option键，以便在拖动时从形状的中心而不是角点进行绘制。开始拖动后按住空格键以重新定位形状。

2. （可选）如果使用"形状"模式，请随时通过选择任何"形状"工具并使用选项栏、"属性"面板或形状本身上的控件来调整形状（图17.3）。注意，选项栏中显示的圆角半径仅用于绘制的新形状。如果要更改现有

形状的圆角半径，请使用"属性"面板或拖动形状上的圆角半径小部件。拖动其中一个小部件会改变所有的圆角；在拖动时按住Alt/Option键则只更改一个圆角。

图 17.1 "形状"工具

图 17.2 绘制形状的三种模式：形状、路径和像素

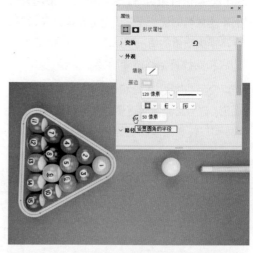

图 17.3 可以随时在"属性"面板中调整三角形的角半径

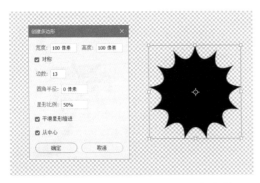

图 17.4 使用"多边形"工具单击会显示一个对话框,可以在其中设置各种选项

TIP 为了比拖动更精确,请单击画布并设置形状的选项,如"宽度"和"高度"。一些形状工具还提供了额外的选项(图17.4)。

TIP 如果一条路径与图像不形成对比,很难看到,则单击选项栏上的齿轮图标,然后选择不同的颜色和/或厚度(图17.5)。注意,这样只会在选择路径时更改路径的屏幕外观。

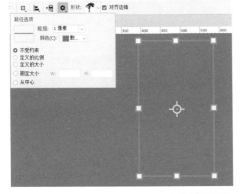

 视频 17.1
形状概述

扫码看视频

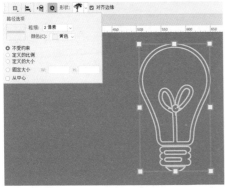

图 17.5 若要在类似颜色的背景上更清楚地看到路径,请选择该路径并在"路径选项"中更改其颜色

设置形状格式

设置形状格式的选项在很大程度上取决于绘图时使用的模式。例如，使用"形状"模式时，可以在绘制形状之前或之后设置填色和描边。可以使用纯色、渐变色或图案填充形状，也可以使填充保持透明。通过选项栏和"属性"面板上的控件，可以轻松访问样例组、最近使用的样例和颜色选择器（图17.6）。如果在路径模式下使用"形状"工具绘制，则无法指定填色和描边，但可以将路径转换为活动形状。如果在"像素"模式下绘制，则只能对形状应用纯色填充，而不能应用描边。

要将路径转换为要设置格式的形状，请执行以下操作：

1. 在"路径"面板中选择路径。

2. 选择其中一个"形状"工具。

3. 单击选项栏上的"形状"按钮。

4. 使用"属性"面板中的"外观"控件，根据需要应用填色和描边。

要在像素模式下绘制选择的颜色填充，请执行以下操作：

1. 执行以下操作之一：

   ▸ 单击"工具"面板上的前景色，然后使用"拾色器"中的控件。

   ▸ 使用"颜色"面板中的控件。

2. 画出形状。

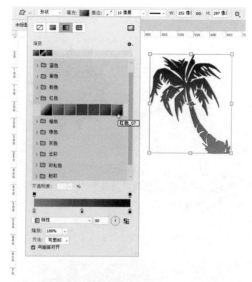

图 17.6 对活动形状应用任何类型的填色都很容易

应用虚线和点划线

如果要将虚线或点划线应用于形状，请单击选项栏或"属性"面板上的"描边选项"按钮。单击其中一个预设以应用默认的虚线或虚线描边（图17.7）。

如果想自定义图案，请单击"更多选项"按钮并设置新的点划线和间距值（图17.8）。如果想定期应用这些相同的设置，请单击"保存"按钮以创建自定义预设。

图 17.7 只需要一个快速的虚线或虚线笔划时，使用默认预设

图 17.8 更改"虚线"和"间隙"值以创建独特的虚线或点划线图案

也可以在此处更改描边的"对齐""端点"和"角点"设置（图17.9）。描边可以与路径的"居中""内部"或"外部"对齐。端点（开放路径末端的描边）可以是"端面""圆形"或"方形"。角点可以是斜接、圆角或斜面。

图 17.9 默认情况下，描边将被平方

修改形状和路径

使用"形状"工具绘制的基本形状只是一个起点。通过应用熟悉的变换（如旋转和缩放）可以获得复杂而有趣的效果。使用其中一个"形状"工具绘制活动形状或路径后，将看到边界框形式的变换控件，边界框的角和每侧都有小正方形。使用"路径选择"工具（ ▶ ）单击形状时，都会看到这些相同的控件。操作这些控件可以修改形状。

也可以通过倾斜形状和移动一个或多个选定点来修改形状。但是，执行此操作时，形状将转换为常规路径。

要修改形状，请执行以下操作：

执行以下一项或多项操作：

- 拖动其中一个控制柄可以更改形状的高度和/或宽度。在拖动时按住Shift键以保持形状的原始比例。按住Alt/Option键，同时从中心拖动以进行缩放。

- 将光标放在形状内，然后拖动以移动形状。

- 将光标定位在边界框的角外，使其变为弯曲的双箭头（ ↰ ），然后拖动以旋转形状。默认情况下，旋转将围绕形状的中心进行。若要围绕画布上的不同点旋转，请在旋转之前在画布上拖动参考点代理（ ◈ ）。

- 若要扭曲形状，请按住Ctrl/Command键并拖动控制柄。

- 若要自由变换形状，请使用"直接选择"工具（ ▶ ）选择一个或多个点并拖动它们。

- 要修改形状上的一个或多个点，请使用"直接选择"工具（ ▶ ）。单击以选择各点。按住Shift键，单击或拖动多个点，一次选择所有点。然后拖动以移动点。

TIP 如果在移动、旋转或调整形状大小时需要数值精度，请使用"属性"面板中的"变换"控件。

TIP 要删除形状，请在"图层"面板或画布上使用"路径选择"工具单击该形状，然后按Delete/Backspace键。

TIP 要在"直接选择"工具和"路径选择"工具之间切换，请按住Ctrl/Command键，然后单击形状或路径。

组合形状和路径

组合基本形状可以创建更复杂的形状。默认情况下，每次绘制形状时都会绘制在新图层上。如果要将多个现有形状图层合并为一个，请在"图层"面板上按住Shift键并单击它们，然后从面板菜单中选择"合并形状"选项。

使用选项栏上的"路径操作"控件（图17.10），可以在绘制形状时在同一图层上组合形状。绘制形状后，可以使用"属性"面板中的"路径查找器"命令组合形状（图17.11）。

要将形状与路径操作相结合，请执行以下操作：

1. 在"形状"模式下使用其中一个"形状"工具，绘制第一个形状。

2. 单击选项栏上的"路径操作"控件，然后选择"合并形状"选项。

3. 画出第二个形状，它将被添加到第一个形状图层上。这两个形状看起来是合并的，但仍然可以使用"路径选择"工具（  ）独立地选择和操作它们（图17.12）。

图 17.10 绘制形状时，可以在选项栏上选择"路径操作"控件

图 17.11 "属性"面板中的路径查找按钮（从左起）：合并形状、减去顶层形状、交叉形状区域、排除重叠形状

图 17.12 使用椭圆工具绘制的圆形中添加了太阳形状

4. （可选）使用"路径选择"工具单击顶部路径，然后选择另一个路径操作以创建不同的效果（图17.13）。

TIP 通过将形状与"属性"面板中的"路径查找器"命令相结合，可以实现相同类型的效果。

TIP 组合路径时，可以使用选项栏上的"路径排列方式"命令（ ），相对于彼此向上或向下移动路径或形状以更改效果。

TIP 如果在一个非常复杂的形状图层上绘制速度变慢，可以通过从选项栏中选择"合并形状组件"选项来加快速度。注意，这样做会将活动形状转换为常规路径，但不会更改其当前外观。

对于当前选择或画布精确对齐或分布路径和形状使用"对齐"命令。

要在一个图层上对齐形状，请执行以下操作：

1. 使用"路径选择"工具选择一个或多个形状（ ）。

2. 单击选项栏上的"路径对齐方式"按钮（ ），然后执行"对齐"和/或"分布"命令。注意，可以与所选内容或画布对齐（图17.14）。

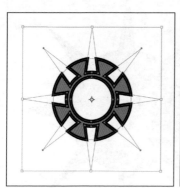
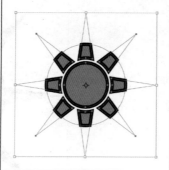
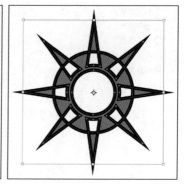

图 17.13 通过改变路径相互作用的方式，可以获得不同的效果

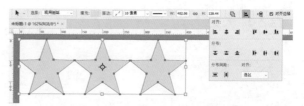

图 17.14 在水平中心分布和相对于画布顶部对齐的之前和之后，单个形状图层上的三个形状

要对齐多图层上的形状，请执行以下操作:

1. 在"图层"面板中，按住Shift键并单击选择要
   对齐或分布的形状图层。如果图层在堆叠顺
   序中不是全部相邻，则按Ctrl/Command键。

2. 单击"工具"面板中的"移动"工具。

3. 对于选择或画布对齐和/或分布路径或形
   状可以使用选项栏上的控件 (图17.15)。

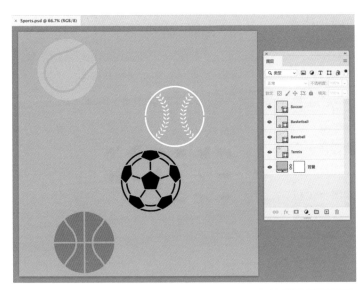

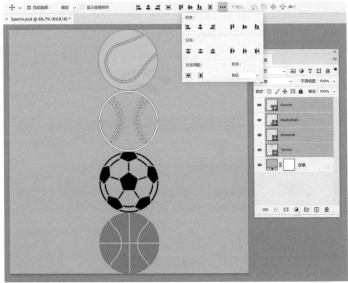

图 17.15 中心前后四个独立的形状图
层，相对于画布对齐和垂直中心分布

使用自定义形状

"自定义形状"工具在"形状"工具中是独一无二的,因为它可以让用户访问数百个复杂的矢量形状,这些形状被组织成组,如花朵、人、建筑物等。还可以从Illustrator绘制或粘贴到Photoshop中的艺术品中定义新的自定义形状。

要添加自定义形状,请执行以下操作:

1. 单击"工具"面板中的"自定义形状"工具(⊗)。

2. 在选项栏上单击形状菜单,然后选择一个形状(图17.16)。

3. 在画布上单击或拖动。单击将弹出一个对话框,可以在其中设置自定义形状的精确宽度和高度。若要避免扭曲形状,则单击对话框中的"保持比例"按钮,或在拖动时按住Shift键。

4. (可选)更改选项栏或"属性"面板上的"填色"和"描边"参数。

TIP 单击"形状"菜单中的齿轮图标,可以将自定义形状显示为缩略图、列表(缩略图和名称)或仅显示文本。

要定义新的自定义形状,请执行以下操作:

1. 使用形状模式下的"画笔"工具在Photoshop中绘制矢量艺术品。或者,从Illustrator中复制矢量艺术作品,并将其粘贴到Photoshop中作为形状图层。注意,当粘贴为形状图层时,形状将丢失Illustrator中的格式,并使用当前前景色作为填充。

2. 选择其中一个矢量工具(画笔、选择或形状)后,执行"编辑" → "定义自定形状"命令。

3. 在"形状名称"对话框中,为新形状命名,然后单击"确定"按钮(图17.17)。新的自定义形状将出现在选项栏的"形状"菜单和"路径"面板中。

4. (可选)创建一个新的形状组以容纳形状,或将其拖动到现有的形状组中。

图 17.16 可以从Photoshop附带的数百种自定义形状中进行选择

图 17.17 可以将绘制或粘贴到Photoshop中的矢量艺术品保存为新的自定义形状

视频 17.2
自定义形状

扫码看视频

使用"形状"面板

Photoshop提供了数十个分组的预制形状，当使用"自定义形状"工具时，可以从选项栏和"形状"面板访问这些形状。"形状"面板提供了一些关键优势，例如搜索字段，可以通过在其搜索字段中输入所需形状的名称来过滤显示（图17.18）。

图 17.18 在"搜索"字段中，输入将显示范围缩小到匹配项目的形状的名称。

面板顶部的"搜索"字段下显示最多15个最近使用的形状。如果没有看到，请从"面板"菜单中选择"显示最近使用的项目"选项。单击选择最近使用的形状之一。

"形状"面板能够将自定义形状添加到文档中，只需将它们从面板拖动到画布上即可，甚至不需要使用"自定义形状"工具。

最后，"形状"面板是唯一可以完全管理形状组的地方。从其"面板"菜单中可以创建、删除和重命名组。

使用钢笔工具

使用Photoshop中的"钢笔"工具（图17.19）可以绘制新的矢量形状和路径，也可以修改已转换为常规路径或从Illustrator粘贴的形状路径。使用"钢笔""自由钢笔"和"弯度钢笔"工具可以绘制新的矢量路径，而使用"添加锚点""删除锚点"和"转换点"工具，可以修改现有矢量路径的点。

使用"钢笔"工具，可以创建由锚点连接的直线或曲线路径段组成的矢量对象。曲线由附着到锚点的控制柄控制。控制柄的长度和角度定义了曲线。使用"钢笔"工具绘制的路径可以是打开的（端点不连接，如V形）或闭合的（如圆形）。虽然"钢笔"工具对新用户来说可能很有挑战性，但它值得努力掌握，因为它提供的精度和控制力是其他工具无法比拟的，这使得熟练使用"钢笔"工具成为一项有市场的技能。

图 17.19 Photoshop中的"钢笔"工具

要使用"钢笔"工具进行绘制，请执行以下操作：

1. 在"工具"面板中单击"钢笔"工具（ 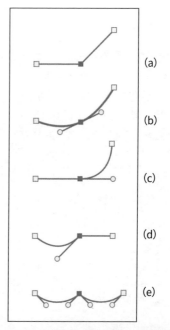）。

2. 在选项栏上选择所需的模式。"形状"可以创建带有填色和描边的新形状，"路径"以创建可用于其他目的的未格式化矢量路径，如保存为矢量蒙版。

3. 执行以下一项或多项操作以绘制所需形状（图17.20）：

- 单击以创建不带控制柄的锚点。这将创建直线段。按住Shift键将线段约束为45°角（a）。

- 单击并拖动以创建具有两个控制柄的锚点。控制柄一直移动以停留在点的相对两侧，从而在点（b）的两侧定义平滑曲线。

- 单击，然后在移动光标之前，从同一位置单击并拖动。这将创建一个具有一个控制柄的锚点。没有手柄的线段是直的，有手柄的线段是弯曲的（c）。

- 单击并拖动以定义具有两个控制柄的锚点。然后，将光标移动到锚点上，按住Alt/Option键，然后单击。这将删除下一个线段的控制柄，以便从曲线转到直线（d）。

- 单击并拖动以定义具有两个控制柄的锚点。按住Alt/Option键，然后单击并拖动某个控制柄，以将其与另一个控制柄分开操作。这就是如何定义从角点（e）出来的曲线。

图 17.20 使用"钢笔"工具可以绘制的5种点

"自由钢笔"工具

关于使用"自由钢笔"工具，没有太多需要学习的内容。从"工具"面板中选择它（ ），然后在画布上拖动。路径跟随光标移动，就像用钢笔或铅笔画画一样。

使用"自由钢笔"工具的简单性是无与伦比的。然而不建议经常使用，因为它创建的路径过于复杂和不精确，无法控制何时创建新的锚点，因此很难以任何类型、精度或效率进行绘制。与使用其他钢笔工具可以获得的平滑曲线相比，使用"自由钢笔"工具的结果通常很笨拙，也很难编辑。

"弯度钢笔"工具是传统画笔工具的一种更简单的替代工具，可以通过单击和拖动点来绘制矢量路径，不需要使用其他工具或键盘快捷键。如果掌握了窍门，则可能很少需要使用传统的钢笔工具。

要使用"弯度钢笔"工具进行绘制，请执行以下操作：

1. 在"工具"面板中单击"弯度钢笔"工具（⌀）。

2. 在选项栏上选择所需的模式。"形状"以创建带有填色和描边的新形状，"路径"以创建可用于其他目的却未格式化矢量路径，如保存为矢量蒙版。

3. 单击以创建第一个定位点。

4. 再次单击以设置第二个定位点，这将创建第一个路径段，可以把它做成直的或弯曲的。若要创建曲线段，则单击。若要创建直线段，则双击。

5. 拖动光标以绘制路径的下一段。松开鼠标左键以完成分段。

6. 继续绘制线段。单击以获取曲线，双击以获取直线。单击初始定位点以关闭路径。

要使用"弯度钢笔"工具修改路径，请执行以下操作：

执行以下一项或多项操作：

- 若要调整曲线的形状，请拖动锚点。注意，相邻的路径段也会相应地发生变化。

- 双击锚点以在平滑（创建曲线）和角点（创建直线）之间切换。

- 若要移动锚点，请拖动它。

- 若要添加定位点，请单击路径段上的任意位置。

- 要删除锚点，请单击该锚点，然后按Delete/Backspace键。

TIP 在绘制混合每个工具功能的路径时，可以在任何钢笔工具之间来回切换。

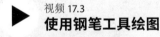

视频 17.3
使用钢笔工具绘图

扫码看视频

将路径转换为选区和蒙版

除了通道，路径还提供了一种保存选区以供日后使用的方法，仅当希望保存硬边选区时才使用路径。当想要在边上具有较柔和过渡的选择时，请使用通道。

将选区保存为路径还可以将其转换为自定义形状或应用填色、描边和效果。此外，路径可以很容易地转换为矢量蒙版。

要将所选内容转换为路径，请执行以下操作：

1. 做出选择。
2. 在"路径"面板中单击"从选区生成工作路径"按钮（◇）。一个名为"工作路径"的新路径将显示在"路径"面板上。

3. 双击路径面板中的工作路径以重命名并保存路径（图17.21）。

要加载路径作为选区，请执行以下操作：

1. 在"路径"面板中单击要选择的路径。
2. 单击"将路径作为选区载入"按钮（ ◌ ）。

要基于路径创建矢量蒙版，请执行以下操作：

1. 在"路径"面板中，单击要用作矢量蒙版的路径。
2. 执行"图层" ➔ "矢量蒙版" ➔ "当前路径"命令。

图 17.21 如果希望随时重新加载选区，请将其另存为路径

⓲

使用文本

Photoshop不是一个文字处理器（它被称为Photoshop，而不是Wordshop）。因此，不要犯试图创建具有大量文字或复杂布局的文档的错误。Photoshop提供了三种添加文字的方法：点文字用于单行文本、段落文字用于多行文本，以及在路径上输入文字以创建特殊效果。

此外，由于Photoshop允许在与可编辑文字的分辨率无关的矢量轮廓中工作，因此用户可以始终以完整的文档分辨率输出文字，例如，制作广告、网络图片、海报、明信片，甚至制作一张简单的传单。用户可以将独特的创意效果应用到其他程序无法做到（或很容易做到）的文字中。

本章内容

添加点和段落文本	286
选择字体样式	288
字距微调和跟踪	290
调整行距、垂直间距和基线偏移	291
插入特殊字符	293
设置段落格式	295
在路径上使用文字	299
变形文字	302
在文字图层上绘制	303
替换丢失的字体	304
匹配字体	305
创建文本三明治	305
使用图像填充文字	306

添加点和段落文本

大多数时候，会在项目中使用点或段落文本。点文本适合显示文字的短单行。想要换行文本的长段时，可以使用段落文本。

点文本从单击画布的点开始向左、居中或向右对齐，并以直线继续（图18.1）。除非手动添加段落或中断字符，否则文本不会换行到另一行，这样它就可以继续经过画布的边缘。

要添加点文本，请执行以下操作：

1. 使用"文字"工具单击画布。

2. 输入或粘贴所需的文本。添加类型时，Photoshop会自动在"图层"面板中添加一个新的文字图层。

3. 按Enter/Return键可根据需要添加换行符。

4. 要接收新文本，需单击选项栏上的"提交"按钮。（如果不接收，则单击"取消"按钮。）

段落文本包含在使用文字工具设置和修改的边界框中（图18.2）。它会自动换行以适应边框，如果重塑边框的形状，它会重新换行。

图 18.1 居中对齐的点文本。注意字母h后面的对齐点

图 18.2 段落文本。注意边界框中的文本周围有控制手柄

选择文字的方法

若要编辑文本或更改应用于文本的格式，必须首先选择文字图层（或特定的字符串）。

选择要编辑或格式化更改的文字，请执行以下操作之一：

· 在"图层"面板上单击文字图层，选择"横排文字"工具或"直排文字"工具（按T键或按快捷键Shift+T），然后在文本上拖动。

· 选择一个词：双击。

· 选择连续的词：双击一个词，然后拖动。

· 选择一行文本：单击三次该行。

· 选择整个段落：在段落中的任意位置单击四次。

· 选择文字图层中的所有文本：双击"图层"面板上的T图标，或直接在文字上单击5次，或按快捷键Ctrl/Command+A键。

图 18.3
为具有特定"高度"和"宽度"值的段落文本创建边框

图 18.4 通过右下角控制手柄上的加号来判断这段话中有多余的文字

图 18.5 Photoshop无法将溢流的段落文本转换为点文本，因此它会警告您在转换之前解决问题（或接受后果）

TIP 如果要为段落文本设置精确的边界框，按Alt/Option键，然后在"段落文字大小"对话框中输入所需的宽度和高度（图18.3）。

TIP 添加一个文字图层时，Photoshop会插入占位符文本，此时可以重新输入或保持原样，然后替换。如果不需要自动占位符文本，则在"文字首选项"对话框中禁用"用占位符文本填充新文字图层"选项。任何时候都可以通过执行"文字"➞"粘贴占位符"命令，用占位符文本填充段落文本的边界框。

添加段落文本：

1. 使用文字工具在画布上单击并拖动以设置文本的边界框。

2. 输入或粘贴文本。Photoshop会在"图层"面板中自动创建一个新的文本图层。

3. 要接收新文本，需单击选项栏上的"提交"按钮。（如果不接收，则单击"取消"按钮。）

如果试图粘贴的段落文本超过了创建的边框中的文本量，那么部分文本就会被覆盖。它仍在文件中，但不可见。

要查找并显示溢流的文本：

1. 使用"选择"工具或"文字"工具单击文字。如果有溢流的文本，在边界框的右下角的手柄中会出现一个加号（图18.4）。

2. 通过拖动控制手柄或更改"属性"面板中的"宽度"和"高度"值来移动、缩放或编辑文本，或调整边框的大小。

如果在添加文本后改变主意，并想从段落文本转换为点文本（反之亦然），这个过程很简单。然而，如果从段落文本转换，则需要首先显示任何溢流的文本，因为它将在转换中被删除（图18.5）。

将段落文本转换为点文本，反之亦然：

1. 单击"图层"面板上文字图层的T图标。

2. 执行"文字"➞"转换为点文本或文字"➞"转换为段落文本"命令。

选择字体样式

有人曾经说过"字体是单词穿的衣服"。当需要修饰文字时，可以使用以下方法。

要更改字体样式，请执行以下操作：

1. 选择文字。

2. 在"选项"栏或"字符"面板上单击"字体"下拉按钮，以显示可用字体样式的列表。

3. 要预览不同字体的文本外观，将光标移动到列表中的字体上即可（图18.6）。

4. 要应用当前高亮显示的字体，按Enter/Return键或单击字体名称即可。

TIP 使用向上和向下箭头键逐步浏览字体。要跳到下一个字体样式，按快捷键Shift+向上箭头或Shift+向下箭头。

TIP 要更改"字体"菜单中显示的示例的大小，执行"文字"→"字体预览大小"命令。

TIP 默认情况下，Photoshop会在"字体"菜单的顶部列出最近使用的10种字体。可以在"文字首选项"中将此数字更改为100~0的任何值（以不显示最近的字体）。退出并重新启动Photoshop时，更改将生效。

要按名称或样式搜索特定字体，请执行以下操作：

1. 选择文字。

2. 在选项栏或"字符"面板上单击"字体样式"字段。

3. 开始输入字体或样式名称，例如半粗体或缩写。Photoshop将过滤字体列表以匹配输入的内容。也可以输入部分名称，例如clar，以显示计算机上激活的Clarendon的每个版本（图18.7）。

4. 若要预览文档中的字体，请将光标移动到列表中的字体上。

5. 按Enter/Return键或单击字体名称将其应用于文本。

图 18.6 将光标移动到菜单列表中的某个字体上，可以看到该字体应用于文本的预览

图 18.7 当知道要应用哪种字体时，开始在"字体"菜单中输入字体或样式名称，Photoshop会过滤列表，只显示匹配的项目

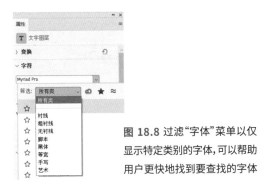

图 18.8 过滤"字体"菜单以仅显示特定类别的字体,可以帮助用户更快地找到要查找的字体

图 18.9 使用"字体"菜单中的三个筛选按钮可以浏览具有特定特征的字体

TIP 要仅显示特定字体类别(Serif、Sans Serif、Script等)中的字体,单击字体菜单顶部的"筛选"下拉按钮,在下拉列表中,选择"所有类"重置菜单,以显示所有可用的字体(图18.8)。

TIP 也可以过滤字体菜单,只显示Adobe字体、喜欢的字体或与当前字体在视觉上相似的Adobe字体(图18.9)。

TIP 要更改文字图层上所有文本的格式,不必先选择它,只需单击"图层"面板中的图层,然后使用选项栏或"字符"和"段落"面板上的控件。

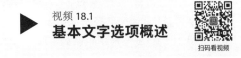

视频 18.1
基本文字选项概述

扫码看视频

应用基本文本格式

无论使用的是点文本还是段落文本,应用基本格式的过程都是一样的。

在选项栏上,可以执行以下任意操作:

· 设置字体系列和字体样式(常规、粗体、斜体等)。

· 选择或输入字体大小(或拖动滑块)。

· 选择一个抗锯齿选项来平滑文本字符的边缘。在大多数情况下,这些选项在类型的外观上只产生很小的差异。锐利会产生最锋利的边缘。犀利稍微不那么锋利。浑厚会使文本显得稍重。平滑使边缘稍微软化。Mac LCD和Windows LCD模仿了这些操作系统中Web浏览器渲染文字的方式。

· 选择对齐方式(左、中或右)。

· 通过单击"文本颜色"样例,然后使用"拾色器"或"字符"面板来选择颜色。或者,可以单击画布上的任何位置来采样颜色。

TIP 也可以通过可编辑的叠加图层样式将颜色、渐变和图案应用于活动文字图层。

TIP 要使用与现有文字图层相同的格式,需在"图层"面板中单击该图层,然后使用"文字"工具在画布上单击或拖动。

字距微调和跟踪

字距微调和跟踪是用于更改文本字符之间间距的印刷术语。字距微调用于更改一对字符之间的间距。跟踪用于更改一系列字符（通常是整个段落）之间的间距。

应用字距微调：

1. 使用"文字"工具，在文字图层上的两个字符之间单击。

2. 执行以下操作之一：

   ▶ 在"字符"面板上，向左拖动"紧排"图标（VA）可减小间距，向右拖动可增大间距（图18.10）。（或者在字距微调字段中输入正值或负值。）

   ▶ 从"字距微调"菜单中选择"度量标准"选项，将间距值应用到当前字体中（图18.11）。

   ▶ 选择"视觉"选项，让Photoshop根据字符形状确定间距，这样通常会产生更紧密的结果（图18.12）。

应用跟踪：

1. 使用"文字"工具选择文本，或单击"图层"面板上的图层，以调整该图层上所有文本的跟踪。

2. 在"字符"面板上，向左拖动"跟踪"图标（VA）可减少跟踪，向右拖动可增加跟踪（图18.13）。（或者，在相关字段中输入特定值。）

3. 若要删除自定义跟踪，需将选定字符的跟踪值重置为0。

> **TIP** 要进行更精细的手动调整，请在拖动"字距微调"或"跟踪"图标时按住Alt/Option键。

图 18.10 拖动"字距微调"图标可以快速更改两个字符之间的紧排

图 18.11 使用"度量标准"方法设置的默认间距

图 18.12 选择"视觉"可以提供一种快速收紧字体间距的方法，Photoshop可以选择字符之间的最佳间距

图 18.13 只想在选中的文本中观察间距时，拖动"跟踪"图标

调整行距、垂直间距和基线偏移

行距和基线偏移是可以用来上下移动水平文字的两个功能。如果使用的是垂直文字，那么跟踪是一种可以调整字符之间垂直间距的功能。

行距是段落中文字行之间的间距。一行文本中行距值最高的字符决定了整行的间距（图18.14）。

自动行距值以当前字体大小的百分比计算。默认情况下被设置为120%。因此，应用于20点文字的自动行距将是24点。要更改其默认值，在"段落"面板菜单中选择"对齐"选项，在"对齐"对话框中输入新的"自动行距"值（图18.15）。

要调整水平段落文字的行距，请执行以下操作：

1. 在"图层"面板上单击文字图层。

2. 在"字符"面板上输入或选择一个行距值。

TIP 如果图层上的所有文本都有相同的行距，则可以通过向右（增加）或向左（减少）拖动行距图标来更改行距。在拖动时按住Alt/Option键可进行更精细的调整。

图 **18.14** 文本段落设置为70点行距，略小于60点文字的默认"自动行距"值。段落面板中增加了段落之间的额外空格

	最小值	期望值	最大值	
字间距(W):	80%	100%	133%	确定
字符间距(L):	0%	0%	0%	取消
字形缩放(G):	100%	100%	100%	预览(P)
自动行距(A):	120%			

图 **18.15** 可以在"对齐"对话框中设置"自动行距"值

对于垂直文字，可以使用跟踪更改字母之间的垂直间距（图18.16）。

要调整垂直文字字符之间的间距，请执行以下操作：

1. 在"图层"面板上单击包含垂直文字的文字图层。

2. 在"字符"面板上更改"跟踪"值。

将垂直文字转换为水平文字，反之亦然：

1. 双击文字图层缩略图。

2. 在"工具选项"栏上单击"切换文本方向"图标（）。

可以使用基线偏移来调整文字的垂直位置，通常相对于行上的其他字符来升高或降低（图18.17）。

要应用基线偏移：

1. 选择要转换的单词或字符.

2. 在"字符"面板上，向右（大写字符）或向左（小写字符）拖动"基线偏移"图标（）或输入值。正值使字符从基线向上移动，负值会使它们向下移动。

TIP 在拖动时按住Alt/Option键可进行更精细的调整。

图 18.16 通过调整"跟踪"值，可以将垂直文字设置为宽松或紧缩

图 18.17 应用于标题中字母的负基线偏移允许单词跟随动物颈部的线条

图 18.18 要查看当前字体中有哪些特殊字符可用,请关注"字符"面板中最下面一行的按钮。"OpenType Pro"提供标准连字、任意连字、风格替换、标题替换、序数和分数

插入特殊字符

如果使用包含特殊字符的字体,则可以通过应用连字、分数和其他替换字符来获得更精致的文字外观。通常,"OpenType Pro"字体提供最特殊的字符选项(图18.18)。

例如,将输入的分数(如1/2)替换为排版正确的½字形,将ff、ffl和st等字母替换为连字,将这些字母组合成一个字形(图18.19)。或者,如果使用的是展示文字,可以插入斜线和标题字符来增强风格表现。

图 18.19 通过使用标准结扎线(Th和ft)和任意结扎线(st),使图像中的工艺在该文字中得到了呼应

要插入或指定OpenType字符的替代字形，请执行以下操作：

1. 使用"文字"工具，在文本中单击以创建插入点。

2. 打开"字形"面板（执行"文字"➞"面板"➞"字形"命令），然后滚动查找要插入的字形。

3. （可选）使用"字体类别"菜单显示字体的子集，如标点符号、分数、长划线和引号、符号等（图18.20）。

4. 双击一个图示符以将其插入（图18.21）。

TIP "字形"面板会跟踪插入的25个字形。双击其中一个字形以再次插入。

TIP 要查看和插入不同字体和样式的字形，请从"字形"面板上的菜单中进行选择。

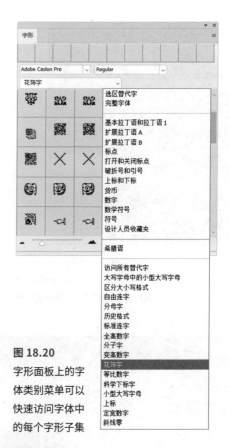

图 18.20
字形面板上的字体类别菜单可以快速访问字体中的每个字形子集

图 18.21 使用字形面板浏览并在文本中插入特殊字符

设置段落格式

如果已经在字符级别设置了文本格式，应用了字体、颜色等，现在，是时候将设计提升到下一个级别，对文本段落应用格式，设置对正、对齐、缩进和间距选项。可以使用"段落"面板上的控件来完成所有操作。

要访问段落设置，请执行以下操作：

1. 使用"文字"工具，单击段落或选择一系列段落。或者，如果要将设置应用于图层中的所有文字，请单击"图层"面板上的图层。

2. 如有必要，请单击选项栏上的"切换字符和段落面板"按钮（▤）。（注意，在处理文字图层时，段落设置也会显示在"属性"面板中。）

对齐

可以使用"段落"面板顶部的三组控件来设置段落文本的对齐方式。

要选择对齐，请执行以下操作：

1. 选择要修改的文本。

2. 在"段落"面板上单击第一组图标中的"左对齐文本""居中对齐文本"或"右对齐文本"（▤ ▤ ▤），将文字与边界框（段落文本）或初始插入点（点文本）的中心或边缘对齐。

3. 单击第二组中的按钮（▤ ▤ ▤）以对齐文本。这些选项使除最后一行外的所有行都跨越段落文本周围边界框的整个宽度。

4. 如果希望强制段落文本的所有行跨越边界框的整个宽度，则单击"全部对正"按钮（▤）。

关于段落和字符样式

Photoshop提供了保存和应用设置的功能，以控制单个字符和文本段落的格式。可以通过执行"文字" → "面板" → "字符样式面板"或"段落样式面板"命令来访问这些内容。然而，您要忽略这些Photoshop功能，因为它们是不完整的，并且笨拙、低效。如果要处理大量文本，请在InDesign中创建文档（其中的文本处理和样式控件要强大得多），并将Photoshop中的稿件放入InDesign布局中。

如果您只需要在另一个文字图层中快速复制格式，只需复制该图层或复制并粘贴其中的文本，然后进行必要的编辑即可。

对正

使用对正设置可以收紧或放松对正文本段落中单词或字母之间的默认间距。对正设置还可以应用字形缩放以使字符更宽或更窄。总之，这些设置会对段落文本的整体流动和外观产生强烈影响。可以在不更改字体或字号的情况下，在特定区域中容纳更多文本时使用（图18.22）。

要更改对齐文本中单词和字母之间的间距，请执行以下操作：

1. 选择要修改的文本。
2. 在"段落"面板菜单中选择"对齐"选项。

3. 在"对齐"对话框中选择"预览"选项，以便查看更改设置的效果。
4. 使用"对齐"对话框中的控件设置"字间距""字符间距"和"字形缩放"的"最大值""期望值"和"最小值"。

换行符

Photoshop提供了两个段落编辑器选项来控制段落文本中换行的方式。"单行书写器" 分别处理每一行。"多行书写器"将段落中的每一行都考虑在内，以使段落的"破烂"结尾看起来更加平衡。在选中"多行书写器"的情况下编辑文本时，段落中的所有行都可以重写。

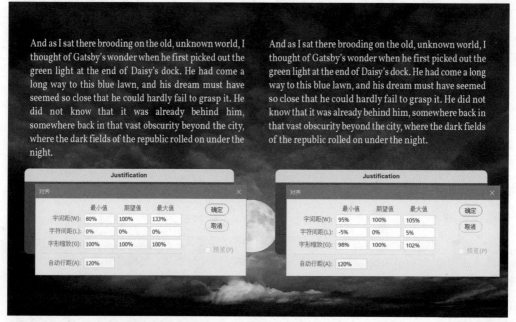

图 18.22 这两段具有相同的文本和字符格式。左侧段落使用默认的"对齐"设置。右边的那一行有自定义的"对正"设置，使文本在整个段落中的间距更加一致，同时少用一行。这是通过允许单词内字母间距和字形缩放的微小变化来实现的，同时允许单词之间间距有较小变化

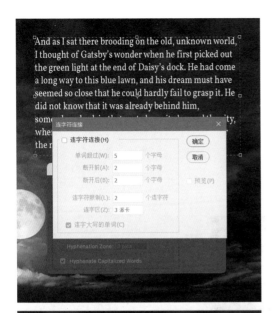

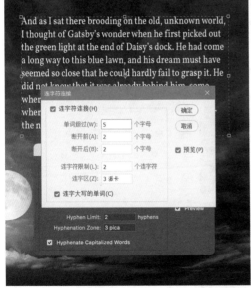

图 18.23通过允许连字符,可以在给定的空间中容纳更多的文本,并实现更一致的间距

要更改段落文本中换行的方式,请执行以下操作:

1. 选择要修改的文本。

2. 在"段落"面板菜单中选择"单行书写器"或"多行书写器"。

要控制连字符:

1. 选择要修改的文本。

2. 选中或取消选中"段落"面板底部的"连字"选项。

3. (可选) 要自定义连字符设置,请从段落面板菜单中勾选"连字符连接"复选框,并使用"连字符连接"对话框中的控件 (图18.23)。

恢复默认文本格式

使用文字格式化很容易把事情搞得一团糟。发生这种情况时,只需在"段落"面板菜单中选择"复位段落"选项,即可将当前选择的所有文字返回到默认的段落设置。

缩进和边距

"段落"面板提供了方便的控件,用于设置文本段落的边距和缩进。

要设置缩进:

1. 选择要修改的文本。

2. 使用"段落"面板上的"左缩进""首行缩进"或"右缩进"控件(图18.24)。注意,也可以使用负值将文本推到边界框之外。

要在段落之前或之后添加空格,请执行以下操作:

1. 选择要修改的文本。

2. 使用"段落"面板上的"段前添加空格"或"段后添加空格"控件。

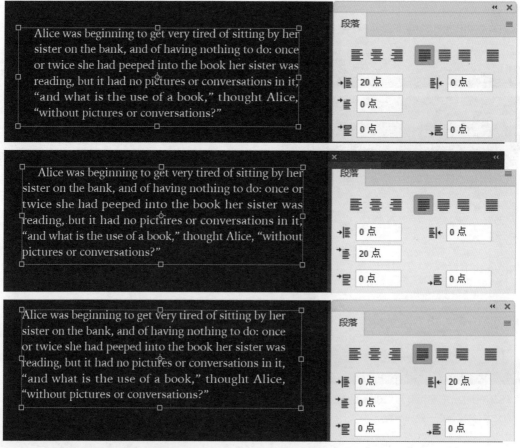

图 18.24 为段落文本设置各种边距和缩进

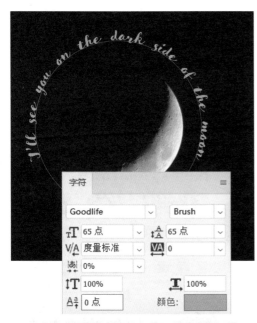

图 18.25 第一次在路径上添加文字时，基线正好在路径上。要向上或向下移动，请使用"基线偏移"控件

在路径上使用文字

可以使文字沿着"笔"或"形状"工具创建的开放或闭合路径的边缘流动。也可以使用闭合路径作为文字的容器。

要沿现有路径输入文字，请执行以下操作：

1. 使用"文字"工具，将光标定位在路径上，使其更改外观（ $\underset{\sim}{I}$ ），然后单击。

2. 输入文字。

3. 要调整路径上文字的垂直对齐方式，请使用"字符"面板中的"基线偏移"控件。负的"基线偏移"值会向下移动文字。基线偏移正值将文字提升到路径上方（图18.25）。

TIP 水平文字的方向垂直于路径。垂直文字的方向与路径平行。要更改文字的方向，请选择它，然后执行"文字" → "文本排列方向" → "横排或竖排"命令。

要在闭合路径内输入文字，请执行以下操作：

1. 使用"文字"工具，将光标定位在路径内，使其更改外观()，然后单击。

2. 输入文字。路径充当一个容器，因此只要文字到达路径边界，线就会自动断开（图18.26）。

可以通过翻转来更改文字在路径上的位置及其路径的方向。在沿着路径移动文字时，请注意文字的末尾，以确保所有文字都保持可见。如果将文字移动得太远，不再适合路径，可将创建重叠文本。此文本仍在文件中，但在通过移动、缩放或编辑文本来解决问题之前，它将不可见。可以通过使用"选择"工具或"文字"工具单击路径来判断是否存在溢流的文本。如果有多余的文本，文本的末尾会出现一个带加号的小圆圈(✦)。

要沿路径移动文字，请执行以下操作：

1. 使用"直接选择"工具或"路径选择"工具，将光标定位在路径上的文字上。光标变为带箭头的工字梁 (✦)。

2. 单击并沿路径拖动文字。将光标保持在路径的同一侧，不要在其上拖动，否则文字将翻转（图18.27）。

TIP 可以使用选项栏或"段落"面板上的"对齐"控件在路径上重新定位文字，使其左对齐、居中或右对齐。

图 18.26 圆形路径内的居中对齐文字集

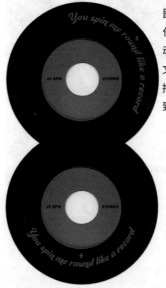

图 18.27 通过使用任一"选择"工具拖动，可以沿路径移动文字。如果在路径上拖动，则文字将翻转到另一侧

图 18.28 移动文字以符合变换路径的新形状

要通过更改路径的形状来移动文字，请执行以下操作：

1. 在"图层"面板上，单击路径上包含文字的图层。

2. 使用"文字"工具或"选择"工具，单击"路径"面板上的路径以使其处于活动状态。

3. 要更改路径的形状，请执行以下操作之一：

   ▶ 执行"编辑" ➞ "自由变换路径"命令，然后通过使用控制柄拖动或在选项栏中更改宽度、高度、角度或扭曲来重塑路径。

   ▶ 使用"直接选择"工具单击并拖动定位点以移动它们。

4. 移动文字以符合变换路径的新形状（图 18.28）。

TIP 如果需要更多的锚点来实现设想的形状，可以使用"画笔"工具添加、删除或转换锚点以重塑路径。

要将文字翻转到路径的另一侧，请执行以下操作：

1. 使用"直接选择"工具或"路径选择"工具，将光标定位在路径上的文字上。光标变为带有箭头的工字梁（✥）。

2. 单击并在路径上拖动。

TIP 如果要在不更改文字方向的情况下在路径上移动文字，请使用"字符"面板中的"基线偏移"控件。负值向下移动文字，正值向上移动文字。

变形文字

可以通过将变形样式应用于文字来创建特殊效果。应用的任何变形样式都将成为文字图层的属性，因此可以随时对其进行更改。

要变形文字

1. 选择一个文字图层。
2. 使用"文字"工具，单击选项栏上的"创建文字变形"按钮（）。
3. 选择变形样式和方向（"水平"或"垂直"）。
4. （可选）指定"弯曲""水平扭曲"和"垂直扭曲"等变形选项的值（图18.29）。
5. 单击"确定"按钮。

要更改或删除变形效果，请执行以下操作：

1. 选择一个文字图层。
2. 使用"文字"工具，单击选项栏上的"创建文字变形"按钮（）。
3. 根据需要，在"变形文字"对话框中应用不同的设置。或者，要删除变形效果，请从"样式"菜单中选择"无"选项。
4. 单击"确定"按钮应用更改或删除效果。

图 18.29 使用"变形"功能可以重塑具有各种非破坏性效果的文字

在文字图层上绘制

如果想将某些创造性效果应用于文字，如使用"画笔"工具直接在文字上绘制或使用"涂抹"工具扭曲字母，则必须首先通过栅格化命令将其转换为像素（图18.30）。

大多数无法直接应用于活动文字的其他功能，如滤镜或执行"编辑" → "变换" → "扭曲"或"透视"命令，都可以应用于智能对象。因此，没有必要栅格化文字来使用这些功能。相反，将文字图层转换为智能对象。如果需要修改文本，可以简单地编辑智能对象（请参阅第14章）。

此外，在某些情况下，可以通过在单独的图层上绘制来创建所需的效果，同时保持活动文字不变。

如果需要栅格化文字图层，最好保留原始文本的备份，以备随时对其进行更改。要保留可编辑文字图层的副本，请在"图层"面板中单击它，然后按快捷键Ctrl/Command+J。

要将文字图层栅格化为像素，请执行以下操作:

- 在文字图层名称上右击，然后在弹出的快捷菜单中选择"栅格化文字"选项。图层缩略图从T形变为透明像素围绕的文字形状。

图 18.30在使用"涂抹"工具创建这样的烟熏字母之前，必须栅格化文字图层

替换丢失的字体

打开使用未安装在计算机上的字体的文档时，会出现字体丢失的问题。

在"图层"面板上会出现一个字体缺失的文字图层，并带有黄色警告图标（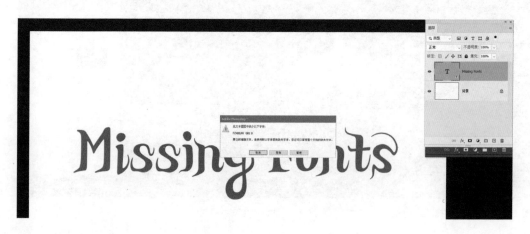）。

打开使用Adobe字体的文档时，Photoshop将自动激活丢失的Adobe字体，前提是计算机处于联机状态并登录到用户的创意云账户。当丢失的Adobe字体同步到计算机时，用户将在"图层"面板上看到一个蓝色的下载图标。字体同步后，图标消失，您可以正常使用该文字。

如果在文档打开时从Adobe以外的源激活丢失的字体，则可能会在文字图层缩略图上看到灰色警告图标（）。在继续操作之前，双击它以更新图层。或者，如果有多个带有灰色警告图标的图层，执行"文字"➝"更新所有文字图层"命令。

如果无法自动激活丢失的字体，可以手动替换丢失的字体或使用"管理丢失的字体"功能来解决此问题。

要手动解决缺少的字体问题，请执行以下操作：

1. 在"图层"面板上双击缺少字体的文字图层的缩略图。

2. 在出现的对话框中执行以下操作之一：

   ▶ 单击"替换"按钮，然后在选项栏中选择其他字体。

   ▶ 单击"管理"按钮，然后使用"管理缺少的字体"对话框中的选项，将缺少的字体替换为默认字体或文档中已使用的字体（图18.31）。

TIP 通过选择"用默认字体替换所有丢失的字体"选项可以一次快速替换所有丢失字体

图 18.31 双击文字图层缩略图以替换丢失的字体

匹配字体

如果图像包含非活动文字，可以使用"匹配字体"功能在Adobe字体集合中查找视觉上相似的字体。

要查找并激活匹配的字体，请执行以下操作：

1. 执行"文字"→"匹配字体"命令。

2. 调整矩形字幕，使其最多包含三行文字。样本中不同的字符越多，搜索结果就越准确。

3. Photoshop会显示与所选文本相似的字体列表。

4. 要从列表中激活Adobe字体，请单击云图标（图18.32）。

当"匹配字体"功能工作时，它可以很好地节省时间，但它经常不起作用，这可能会让人沮丧。如果对最初的搜索结果不满意，可以试着重新调整字幕，迫使Photoshop再次搜索。还可以使用其他字体匹配服务获得更好的结果。

图 18.32 "匹配字体"功能是一种快速识别栅格化图像中字体的方法，然后下载确切的字体或类似的字体

创建文本三明治

创建文本三明治是另一种永恒的文本技术，每个Photoshop用户都应该掌握这种技巧，例如，杂志封面上看到过的模特的头（或一些物体）与杂志标题重叠。

制作文字三明治：

1. 确定要与文本重叠的图像部分，并对其进行选择。

2. 将该选择复制到一个新层（按快捷键Ctrl/Command+J），并将该图层拖动到文字图层上方（图18.33）。

图 18.33 通过将所选图像复制到文字图层上方的单独图层，可以创建文本三明治效果

使用图像填充文字

Photoshop用户被要求执行的一项常见工作是用图像填充文字。当它做得好时，文字轮廓的形状与图像的内容相结合，传达的信息大于其各部分的总和。有多种方法可以实现这一点，但最灵活和最有效的方法是使用剪切蒙版。

要使用图像填充文字，请执行以下操作：

1. 从包含要输入文字的图像的文件开始。如果图像层是"背景"图层，请单击"图层"面板上的锁定图标，将其从"背景"图层转换为常规层。

2. 使用所需的文字创建一个文字图层，并根据需要设置其格式。大号、粗体、无衬线字体通常效果最好。

3. 在"图层"面板上拖动图像层，使其位于文字投影层的正上方。

4. 通过按住Alt/Option键单击"图层"面板上图像层和文字图层之间的分隔符来创建剪切蒙版。图像显示在文本中（图18.34）。

TIP 要调整图像在文本中的位置，请选择"移动"工具单击图像层，然后拖动图像。

TIP 要移动文本轮廓，请选择文字图层，然后使用"移动"工具移动文本。注意，需要在选项栏中禁用"自动选择"选项，以避免在画布上单击和拖动时选择图像层。

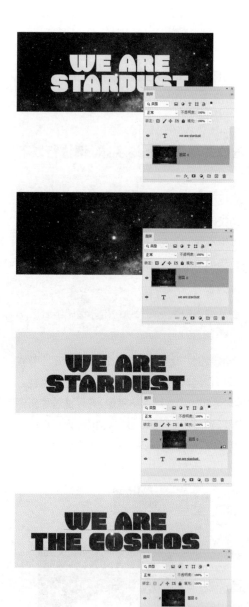

图 18.34 剪切蒙版是将图像放入文本中的关键步骤，文本保持可编辑状态为最佳

19

打印和导出

尽管在Photoshop中处理文件很有趣，但它们存在的原因及理由，无论是在印刷品中还是在屏幕上，都是在某种输出中看到的。

当然，也可以直接在Photoshop中打印，或者在输出之前，将图像放入其他文档中，如InDesign。为了支持专业的打印工作流程，Photoshop提供了软校对（模拟屏幕打印输出）和使用颜色配置文件转换为CMYK模式的功能。

使用画板设计用于在多种屏幕大小和场景中查看的图像，并将其导出为任何所需的大小和文件格式。也可以通过将图像导出为动画GIF来制作移动的图像。

如果需要将文件交给工作流程中的下一个执行人，可以使用"打包"命令将所有链接的图像资源收集到一个方便的文件夹中。

本章内容

使用画板进行设计	308
屏幕上的校对颜色	313
准备用于商业打印的文件	314
打印到桌面打印机	315
导出为不同的尺寸和格式	316
使用快速导出	318
将图层导出为文件	319
创建动画GIF	320
使用打包命令	322

使用画板进行设计

画板是一种特殊的图层组，可以用来组织和输出各种大小的内容。放置在画板上的任何元素都会被裁剪到它的边界，所以实际上每个画板在Photoshop中看起来就像一个单独的画布。用户可以将图层、图层组和智能对象添加到画板中。画板经过优化，可以在RGB模式下工作，对于设计网络和移动应用程序界面的布局特别有用，因为用户可以将不同的构图保存在一个文件中并排查看。也可以从文档中删除画板，并将画板输出到单独的文件中。

要使用画板创建文档，请执行以下操作：

1. 执行"文件" → "新建"命令。

2. 在"新建文档"对话框中选择"画板"选项。如果从Web或移动设备类别中选择默认的空白文档预设之一，则画板将自动打开（图19.1）。

3. 设置其他所需的文档选项，然后单击"创建"按钮。

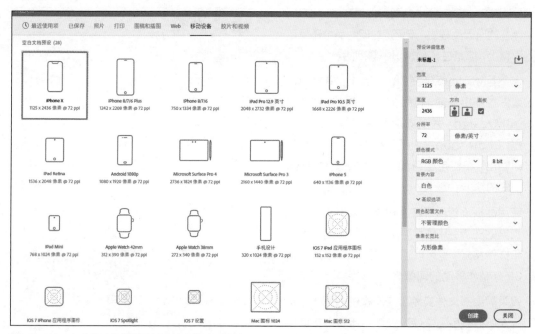

图 19.1 从Web或移动设备类别创建新文档时，默认情况下会打开画板

要将现有文档转换为画板文档，请执行以下操作：

1. 在"图层"面板中选择一个或多个图层或图层组。

2. 右击并在弹出的快捷菜单中选择"来自图层的画板"或"来自图层的画框"选项。如果正在从图层创建画板，则会出现一个对话框，此时可以从预设菜单中选择尺寸并命名新的画板（图19.2）。注意，必须先将"背景"图层转换为常规图层，然后才能将其转换为画板。

要向文档添加更多画板，请执行以下操作：

1. 在"工具"面板中，单击并按住"移动"工具（✛）以显示"画板"工具（⌐）），并将其选中。

2. 在画布上单击并拖动以绘制新的画板。或者，在"层"面板中单击现有画板的名称，然后单击其周围出现的加号图标之一（⊕）以复制它。新的画板将具有与现有画板相同的属性。按住Alt/Option键单击可将现有画板的内容复制到新的画板中（图19.3）。

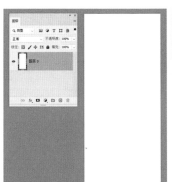

图 19.2 将常规图层转换为画板之前和之后

3. （可选）使用"属性"面板更改画板的大小、
位置、预设或背景色。

要重命名画板，请执行以下操作：

■ 在"图层"面板中，双击一个画板名称进行
编辑。如果没有看到任何画板名称，执行"显
示"→"显示画板名称"命令以显示它们。

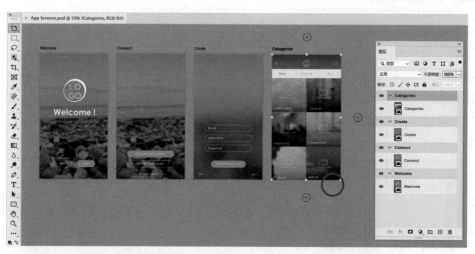

图 19.3 复制现有画板的内容

图 19.4 取消对画板的分组，将其内容保留在适当位置，同时移除画板本身

- **要重新定位画板，请执行以下操作：**

执行以下操作之一：

- 使用"移动"工具或"画板"工具，在画布上单击并拖动画板的名称。

- 在"图层"面板中单击一个画板，然后在"属性"面板中更改X和Y值。

TIP 通过在"图层"面板中选择多个画板并执行"图层" ➞ "对齐/分布"命令，或使用选项栏上的"对齐"控件，可以对齐和分布多个画板。

要移除画板：

执行以下操作之一：

- 使用"移动"工具或"画板"工具，单击画布上画板的名称，然后按Delete /Backspace键。

- 在"图层"面板中选择一个或多个画板，然后单击"删除图层"按钮。Photoshop会询问是想删除画板及其内容，还是只删除画板。

- 要删除画板但保留其内容，在"图层"面板中选择它，然后右击并在弹出的快捷菜单中选择"取消画板编组"选项，或按快捷键Ctrl+Shift+G/Command+Shift+G（图19.4）。

要在画板之间移动或复制元素，请执行以下操作：

执行以下操作之一：

- 使用"移动"工具，将元素从一个画板拖动到另一个画板。拖动时按住Alt/Option键可复制对象，而不是移动对象。

- 在"图层"面板中，将元素拖动到所需的画板中。按Alt/Option键拖动以复制对象，而不是移动它。

要画板另存为单独的文件，请执行以下操作：

1. 执行"文件"→"导出"→"画板至文件"命令。

2. 在"画板至文件"对话框中，指定要保存文件的位置（浏览），是包括重叠区域还是仅包括每个画板中的内容，是仅导出"图层"面板中当前选定的画板还是导出所有画板，是否包括画板背景颜色和文件类型。

3. （可选）为文件名指定前缀。将此字段留空，使文件的名称与"图层"面板中的画板的名称相同。

4. 单击"运行"按钮。流程完成后，会出现一个确认对话框（图19.5）。

TIP 默认情况下，画板在Photoshop中显示为灰色边框。如果想删除此项，转到"界面"首选项，并将"画板"设置从"直线"更改为"无"即可。

TIP 对于选择将画板另存为的任何文件类型，也可以打开并自定义"导出"首选项。

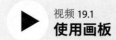视频 19.1
使用画板

扫码看视频

图 19.5 将三个选定的画板导出为单独的JPEG文件

屏幕上的校对颜色

使用颜色配置文件预览文档在特定条件下输出时的外观，最常见的是打印条件，这被称为软校对。其准确性取决于几个因素，包括显示设备、环境中的照明条件以及使用的颜色配置文件。有了这些条件，就可以继续执行以下步骤。

要对文档进行软校对，请执行以下操作：

1. 执行"查看"→"校样设置"→"自定"命令，打开"自定校样条件"对话框。

2. 如果有打印服务提供商提供的校样设置文件（PSF），就单击"载入"按钮并选择该文件。否则，需手动设置证明条件，指定与要模拟的输出条件匹配的设置。

   ▸ **要模拟的设备：** 是打印服务提供商推荐的输出配置文件。它考虑了打印设备、墨水和纸张。

   ▸ **渲染方法：** 是Photoshop用于将颜色从一个配置文件转换为另一个配置文件的方法。

   ▸ **黑场补偿：** 将源配置文件（工作或嵌入）的最暗点映射到输出配置文件。除非打印时不建议这样做，否则保持打开状态。

   ▸ （可选）如果建议，就打开"模拟纸张颜色"和"模拟黑色油墨"选项。打开这些选项后，图像看起来可能会不那么鲜艳，但这实际上是一件好事，因为它现实地设定了用户的期望，因为打印过程通常无法再现屏幕可以显示的所有颜色和色调。

TIP 如果已经配置了颜色设置，使"工作CMYK空间"与要模拟的输出条件相匹配，只需执行"视图"→"校对设置"→"工作中的CMYK"命令即可。或者，按快捷键Ctrl/Command+Y。

TIP 当"校样颜色"处于启用状态时，"视图"菜单中的校样颜色命令旁边会出现一个复选标记，并且正在使用的校样预设（或颜色配置文件）的名称会出现在窗口顶部的文档名称旁边（图19.6）。

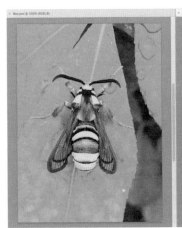

图 19.6 左图：禁用"校对颜色"的RGB图像。右图：启用"校对颜色"的同一图像。使用的CMYK配置文件显示在文档选项卡（或浮动窗口中的标题栏）中

准备用于商业打印的文件

图像不是必须转换成CMYK模式才能打印。在许多专业打印工作流程中，首选RGB图像，因为它们可以产生最佳效果。将图像保存为RGB模式使打印服务提供商能够执行针对其设备和用品优化的颜色转换。如果需要将图像转换为CMYK模式，需在所有其他图像编辑后进行转换，并以RGB模式备份文件。转换为CMYK是一种破坏性的变化。CMYK模式的可再现颜色范围较小，因此鲜艳的RGB红色、绿色和蓝色被压缩到更窄（更暗）的范围时，无法通过转换回RGB模式来恢复它们。

要将图像转换为CMYK模式进行打印，请执行以下操作：

1. 执行"编辑"➞"转换为配置文件"命令。

2. 在对话框的"目标空间"下，选择打印服务提供商推荐的CMYK输出"配置文件"。

3. 在"转换选项"中选择任何其他推荐设置（图19.7）。如果打印机没有推荐，则选择"Adobe（ACE）"作为"引擎"，选择"可感知"作为"意图"，并确认"使用黑场补偿""使用仿色"和"拼合图像以保留外观"复选框均已启用。

4. 单击"确定"按钮。

5. （可选）如果知道打印服务提供商使用的设备的特性，需调整"级别""曲线"或"色调/饱和度"，以最大限度地提高对比度，同时保留阴影和高光中的细节。

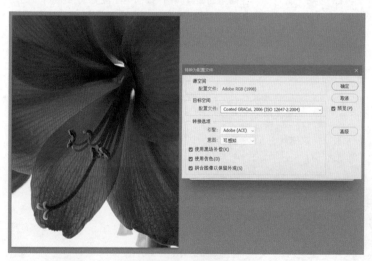

图 19.7 在将图像从RGB模式转换为CYMK模式进行专业打印时，最好使用"转换为配置文件"功能，而不是执行"图像"➞"模式CMYK颜色"命令（这样不会控制转换）。"转换为配置文件"功能会提供一个对话框，用户可以在其中确认并应用打印服务提供商推荐的设置

打印到桌面打印机

从Photoshop打印到本地桌面打印机就像从任何其他应用程序打印一样。使用"Photoshop打印设置"对话框预览打印输出并设置选项。

要打印到桌面打印机，请执行以下操作：

1. 执行"文件"➔"打印"命令，或按快捷键Ctrl/Command+P打开"Photoshop打印设置"对话框。

2. 在"打印机设置"区域中，设置"打印机""份数"和"段面"。也可以在此处访问打印机的设备设置，但不要在两个对话框中应用相同类型的设置，以避免出现意外结果。

3. 在"色彩管理"区域中，可以选择是Photoshop还是打印机来管理颜色转换。建议使用"打印机管理颜色"，除非可以为打印机的纸张/墨水组合选择配置文件，并且打印机驱动程序允许禁用颜色管理。

4. 使用"位置和大小"选项以及预览区域在图纸上排列图像，可以在预览上拖动以更改图像的位置。

5. （可选）在"打印标记"区域中，根据需要添加"角裁剪标志""心裁剪标志""说明"（来自图像元数据或通过单击"编辑"按钮输入一个）和"标签"（文件名，如文档标题栏中所示）（图19.8）。如果要在画布外添加标记，请确保所选纸张大小有足够的空间容纳它们。

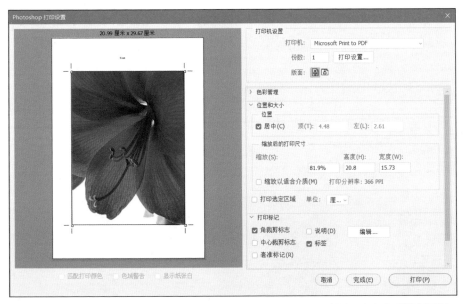

图 19.8 使用"Photoshop打印设置"对话框中的控件设置图像在纸张上的位置和大小，并根据需要添加裁剪标志和标签

6. （可选）在"函数"区域中，通过选择"负片"选项反转图像颜色。通过选择"向下乳化"选项水平翻转图像。也可以在此处应用背景色、实线边框和出血设置。

TIP "Photoshop打印设置"对话框提供了其他选项，例如在打印到PostScript设备时，从CMYK文件打印分隔符。

TIP 将光标悬停在每个"颜色管理"选项上，即可阅读其详细说明。注意，可能需要滚动或展开对话框，以使说明完全可见。

TIP 要只打印图像的一部分，选择"打印选定区域"选项，然后在预览中使用裁剪控件。

TIP 如果要使用与上次打印时相同的设置，执行"文件" ➡ "打印一份"命令并跳过该对话框即可。

导出为不同尺寸和格式

使用"导出为"命令将整个文档或其组件（画板、图层或图层组）导出为PNG、JPEG和GIF文件格式。"导出为"对话框能够缩放导出的文件，包括元数据，并将其转换为sRGB。

要导出文档，请执行以下操作：

1. （可选）执行"文件" ➡ "导出" ➡ "导出首选项"命令。在"导出为位置"下，选择"将资源导出到当前文档的位置"或"将资源输出到上一个指定的位置"选项。

2. 要导出整个当前Photoshop文档，执行"文件" ➡ "导出" ➡ "导出为"命令。如果文档包含画板，则可以在随后的对话框中导出所有画板（或任何子集）。或者，要导出特定的图层、画板或图层组，需在"图层"面板中选择它们，然后右击并在弹出的快捷菜单中选择"导出为"选项。

3. 在"导出为"对话框中，设置"图像大小""画布大小"（如果需要将其与图像展开或收缩）、"元数据"选项、"色彩空间"（转换为sRGB或嵌入色彩配置文件）。

4. （可选）若要导出为多个尺寸，可以使用对话框的"缩放全部"区域中的控件。单击加号按钮将其他尺寸添加到列表中。为文件名选择一个"大小"和一个"后缀"（图19.9）。

5. 单击"导出"按钮。

TIP 导出多个图层、画板或图层组时，可以在选择选项之前，在"导出为"对话框的左侧单击它们，为每个图层、画板或图层组使用不同的设置。

▶ 视频 19.2
使用"导出为"导出为多种文件大小和格式

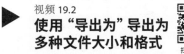
扫码看视频

图 19.9 使用"导出为"对话框可以输出不同大小的图像的多个副本

使用快速导出

如果需要以相同的文件格式将文件导出到相同的位置，则"快速导出"功能可以节省时间。首先需要设置首选项，然后只需在任何时候选择命令即可快速导出文件。该文件将立即导出，不会出现任何中间对话框。使用"快速导出"功能您可以将文档、画板、图层或图层组导出为PNG、JPEG或GIF格式。

要快速导出为喜爱的文件格式，请执行以下操作：

1. 执行"文件"➝"导出"➝"导出首选项"命令。

2. 在"首选项"对话框中，选择要包含的格式、位置、元数据和要使用的色彩空间（图19.10）。

3. 要导出整个文件，执行"文件"➝"导出"➝"快速导出为"命令（PNG、JPEG或GIF）。或者，要导出特定的图层、画板或图层组，需在"图层"面板中选择它们，然后右击并在弹出的快捷菜单中选择"快速导出为"选项（PNG、JPEG或GIF）。

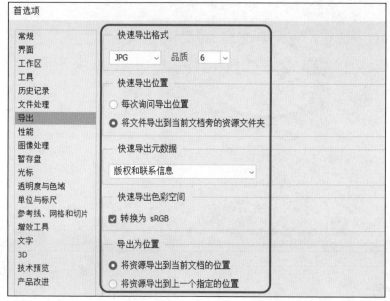

图19.10 对于"快速导出"功能，可以在"首选项"对话框中设置所有所需的选项。这样，就可以立即导出图像，而无须每次都使用对话框

将图层导出为文件

可以将图层导出为PSD、JPEG、PNG、PDF和TIFF等格式的独立文件。文件的导出顺序与它们在"图层"面板中从上到下的显示顺序相同，并使用图层名和可以定义的前缀进行命名。

要将图层导出为文件，请执行以下操作：

1. 执行"文件" ➝ "导出" ➝ "将图层导出到文件"命令以打开"将图层导出到文件"对话框（图19.11）。

2. 在对话框中，单击"浏览"按钮为导出的文件选择目的地。默认情况下，文件会导出到与源文件相同的位置。

▶ （可选）在"文件名前缀"中输入要应用于导出文件的名称。或者，将此字段留空，使文件名以下画线和四位数字为前缀。

▶ （可选）如果需要，可以勾选"仅限可见图层"复选框。

▶ 从"文件类型"菜单中选择一种文件格式，并根据需要设置选项。

▶ 勾选"包含ICC配置文件"复选框将工作空间配置文件嵌入导出的文件中。

3. 单击"运行"按钮。文件导出完成后，将显示一个确认对话框。

TIP 如果使用图层复合，也可以通过执行"文件" ➝ "导出" ➝ "图层复合导出到文件"命令将它们导出为单独的文件。

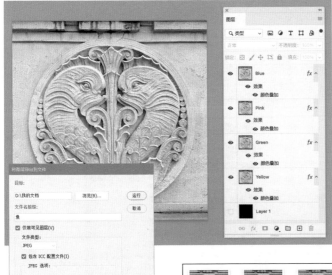

图 19.11
可以将文档中图层的单独文件导出为各种文件格式，并为输出文件名应用前缀

创建动画GIF

可以从分层的Photoshop文件或视频中创建循环动画GIF。一种常见的场景是将一系列与手机连拍功能拍摄的静止图像组合在一个分层文件中，然后将其导出为GIF。

要从静止图像创建动画GIF，请执行以下操作：

1. 执行"文件"→"脚本"→"将文件载入堆栈"命令。在"载入图层"对话框中，单击"浏览"以选择要使用的文件。单击"打开"按钮，然后单击"确定"按钮。将创建一个新文档，每个导入的文件都作为一个单独的图层（图19.12）。

2. 执行"窗口"→"时间轴"命令，打开"时间轴"面板。

▸ 单击面板中间按钮上的箭头，然后选择"创建帧动画"按钮。单击该按钮以创建新的帧动画。然后，从"时间轴"面板菜单中选择"从图层生成帧"选项（图19.13）。

▸ 按空格键预览动画（或单击"时间轴"面板中的"播放"按钮）。再次按空格键可暂停预览。

▸ （可选）要控制GIF的播放速度，在"时间轴"面板中选择所有帧，单击任何缩略图下显示的"帧延迟时间"按钮，然后从菜单中选择不同的延迟时间。

▸ 使用"时间轴"面板中的"重复"菜单选择GIF将播放的次数，例如一次、三次或永远。

▸ 执行"文件"→"导出"→"存储为Web所用格式（旧版）"命令。

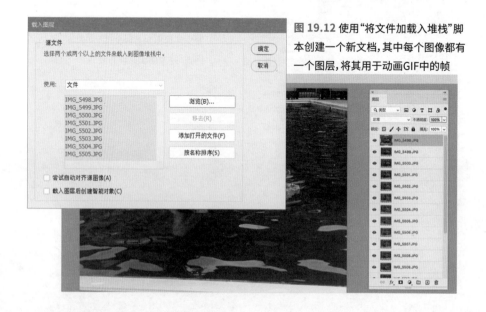

图 19.12 使用"将文件加载入堆栈"脚本创建一个新文档，其中每个图像都有一个图层，将其用于动画GIF中的帧

3. 在对话框中，选择以下选项（图19.14）

▶ 从预设菜单中选择"GIF 128仿色"。从"颜色"菜单中选择256。从"循环选项"菜单中选择"永远"。

4.（可选）使用"图像大小"选项中的"宽度"和"高度"字段调整文件尺寸并减小文件大小。

5.（可选）要在Web浏览器中预览GIF动画，请单击对话框左下角的"预览"按钮。

6. 单击"存储"按钮。

要从视频中创建动画GIF，请执行以下操作：

1. 执行"文件" → "导入" → "视频帧到图层"命令。在"将视频导入图层"对话框中，使用控件选择要使用的视频部分，然后单击"确定"按钮。将创建一个新文档，并将每个选定的视频帧作为一个单独的图层。

2. 执行"窗口" → "时间轴"命令，打开"时间轴"面板。图层将自动显示为时间轴中的帧。

图 19.13 从"时间轴"面板菜单中选择"从图层建立帧"选项后，每个图层都会显示在时间轴中

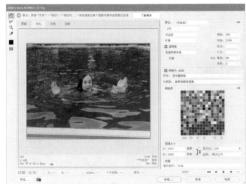

图 19.14 使用"存储为Web所有格式"对话框导出动画GIF

3. 按空格键预览动画（或单击"时间轴"面板中的"播放"按钮）。再次按空格键可暂停预览。

4. 使用"时间轴"面板中的"重复"菜单选择GIF将播放的次数，例如一次、三次或永远。

5. 执行"文件" → "导出" → "存储为Web所用格式（旧版）"命令，将选项设置为从静止图像创建GIF动画，然后单击"存储"按钮。

TIP 要控制GIF的播放速度，请在"时间轴"面板中选择所有帧，单击任何缩略图下显示的"帧延迟时间"按钮，然后从菜单中选择不同的延迟时间。

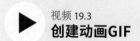 视频 19.3
创建动画GIF

扫码看视频

使用打包命令

使用"打包"命令，可以将与Photoshop文件关联的所有链接图像资源与文件副本一起收集到文件夹中，以便与同事共享或创建备份或存档。这包括来自创意云库的链接项目和链接的智能对象。（字体无法打包。）

要打包Photoshop文件，请执行以下操作：

1. 执行"文件" → "打包"命令。

2. 在对话框中，定位到打包所需的位置，然后单击"选择"按钮。将创建一个文件夹，其中包含Photoshop文件和链接的图像资源的副本。从创意云库链接的项目将转换为链接的智能对象，链接指向打包的资源文件（图19.15）。

图 19.15 打包功能为文档创建一个文件夹，其中包含文档的副本和所有链接的图像资源，可供共享或存档